地震安全教育一本通（教师版）

中国地震局　指导

中国灾害防御协会　组编

地震出版社

图书在版编目（CIP）数据

地震安全教育一本通：教师版 / 中国灾害防御协会组编 . -- 北京：地震出版社，2022.2（2022.5重印）
ISBN 978-7-5028-5435-5

Ⅰ . ①地… Ⅱ . ①中… Ⅲ . ①地震灾害—安全教育—青少年读物 Ⅳ . ① P315.9-49

中国版本图书馆 CIP 数据核字 (2022) 第 025723 号

地震版 XM 5230/ P（6249）

地震安全教育一本通：教师版

中国地震局　指导

中国灾害防御协会　组编

责任编辑：李肖寅

责任校对：鄂真妮

出版发行：**地震出版社**
北京市海淀区民族大学南路 9 号　　　　　　邮编：100081
发行部：68423031　　　　　　　　　　　传真：68467991
总编办：68462709　68423029
http: //seismologicalpress.com
E-mail：dz_press@163.com

经销：全国各地新华书店

印刷：河北文盛印刷有限公司

版（印）次：2022 年 2 月第一版　2022 年 5 月第二次印刷

开本：710×1000　1/16

字数：136 千字

印张：10

书号：ISBN 978-7-5028-5435-5

定价：40.00 元

前　言

　　我国大陆是全球地震高发的区域之一。地震多、强度大、分布广、灾情重是我国的基本国情。经济社会的发展并不会阻止自然灾害的发生，相反，人类活动还可能加剧致灾程度——尤其是当防灾意识、预防措施与应急能力本身存在短板、漏洞的时候。

　　抛开自然因素，包括地震灾害在内的我国各种灾难频繁发生并造成巨大损失的一个重要原因，就是全社会安全意识薄弱，公众自救互救能力不足。我们虽然不能阻止地震灾害的发生，但是可以逐步掌握其规律，积极进行准备和防御，采取科学有效的应对措施，努力将灾害的损失降至最低。

　　减轻地震灾害不仅是一个复杂的自然科学问题，也是一个极其严肃的社会科学问题，要动员全体民众共同参与，尤其是青少年学生。目前，地震预报仍是世界性科学难题，要把地震灾害损失减少到最低程度，就必须加强防震减灾科普知识的宣传教育，把防震减灾知识和技能的普及纳入常规的国民教育中。当然，教师要想成为防震减灾知识和技能的传授者、普及者、倡导者和推广者，首先自己要是一位学习者、研究者、探索者、实践者。

　　地震科学并不神秘和枯燥，它是人类在探索世界、认识自然、与灾害做斗争、不断提高生存和适应能力的过程中，形成的相关知识的积累，它所涉及的知识面非常广泛，不仅包括地质学、构造地质学、地震地质学、地貌学、物理学、数学、天文学、地理学、地球物理学、地球化学、地球动力学、工程地质学、考古学、岩石力学、工程力学等，还包括灾害学、应急管理、紧急救援、城市规划等，更是涉及哲学、历史、政治、经济、法律、社会生活等方面。

　　作为教师，不仅要完成学科类教学任务、传授学科基本知识，更要承担起提升学生综合素质、促进科技创新和科学普及的重任，教会学生学习的方法，激发学习的兴趣，提高探索的能力，培养安全的行为习惯、增强自我保护的意识和技能。

《中华人民共和国防震减灾法》要求，要大力开展防震减灾宣传教育工作，提高全社会的防震减灾能力。《中华人民共和国义务教育法》明确规定，要加强对中小学的安全教育。大力普及防灾减灾科普知识，增强中小学生的防灾减灾意识和科学素养，提高防灾避灾技能，最大限度地预防安全事故和减少各种突发事件对青少年的伤害，保障学生健康成长，是各级政府和有关部门必须积极推动和努力做好的一项重要工作。但是，目前我国还十分缺乏内容科学、通俗易懂、面向教师的防震减灾科普培训教材。

我们编写本书的初衷，就是希望通过开阔的视野、发散的思维、广博的背景知识，深入浅出、通俗易懂、生动有趣的文字，真实震撼的案例，丰富新颖的图片和简明扼要的原理、措施及操作要领，为以往不太了解地震科学知识的广大教师，提供一本实用的防震减灾科普教学辅助参考书。本书也是中小学生拓展知识、开阔视野、自学消遣的很好的课外读物。

目录

一 人们探索地震成因的漫漫长路

⊗ 中国古人认为自然灾害是上天对人类的一种惩戒

地震贯穿着地球的整个地质时期，文字记载可追溯到几千年之前。早在3000多年前，就有地震与天文因素关系的记载。《竹书纪年》写道："帝癸（一名桀）十年，五星错行，夜中陨星如雨，地震，伊、洛竭"。这一记载描述的是公元前1809年，由于星体的位置有了与平常不一致的变化，许多流星、陨石坠落，发生了地震。地震的后果是河流改道以及原来的河床干涸。这可能是世界上阐明天文现象与地震关系最早的文献。

古代中国人认为，地震是"阴阳失衡"引发的，与人类，特别是帝王的行为有直接关系，是上天对人类的一种警告。

▲ 古人认为地震是上天对人类的一种警告

中国历史较早有文字记载的一次大地震发生在周幽王二年（公元前780年），震中在陕西的岐山。《史记·周本纪》（卷4）记载："周将亡矣。夫天地之气，不失其序；若过其序，民乱之也。阳伏而不能出，阴迫而不能蒸，于是有地震。今三川实震，是阳失其所而填阴也。"大意是，这是周朝快要灭亡的迹象。天地间的阴阳之气，是平衡有序的；如果乱了，阳气沉伏不能出来，阴气压迫着它使它不能上升，所以就会有地震。现在三川地区发生地震，是因为阳气不在原位，而被阴气所充填。

大约成书于公元前6世纪的《诗经·小雅·十月之交》中曾写道：

烨烨震电，不宁不令。

百川沸腾，山冢崒崩。

高岸为谷，深谷为陵。

这是我国人民对地震现象最早的描述，诗中惊叹地震突然而来，迅如闪电，震动之大，山河为之改变。

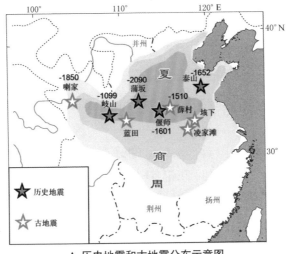

▲ 历史地震和古地震分布示意图

◆ 在中国的传教士对清朝康熙年间热河地震的描述

殷洪绪教士来信（1720年10月19日，北京发）：六月十一日（1720年7月15日）早晨六点三刻，我们觉得地震有两分钟之久，但这是明天更大地震的前奏，晚七点半又开始很厉害的震动，约六分钟一次，继续不停的震动。本来一分钟过得很快，但目前悲剧景象则觉得一分钟十分长了，天色阴黯发亮光，不时有雷声发出，在暴风的海上，都没有这样可怕。想找一处躲避的地方很困难，墙垣屋倾时有倒塌压人的危险，走到别处去一样，随处有丧失生命的可能。我从房中跳出，立即被邻屋倒下的灰尘蒙住，差不多埋在土中了。有一个仆人把我拉出来，带我到教堂的大院中。我看见教堂的墙东倒西歪，心中十分害怕，钟楼的大钟摇摆不定，发出杂乱的声响。全城听到的是呼号惨叫的声音。后来安静下来。在夜间还有十次震动，但威力远不及上面说的凶狠。天破晓时，一切都安静了，大家一看，认为灾害没有想象中的的厉害。在北京有一千人压死，因北京街道宽大，留在街上，房子倒了是压不到人的。随后二十天，时常仍有轻微的震动发生。离北京一百多里的地方，情形相似。一般人相信这次地震的原因，是由于北京西边山中的煤矿发生变化，居民取煤供给的地方，在第一层山岭外居民很多商业繁盛的沙城地方，城墙三重，好像三座城一般，当我说的大地震的第三次震动的时候，全部下陷了。在另一个村镇，震开一个缺口，发出硫磺气味。

——《北京天主教北堂藏法文资料》

汉成帝时，议郎杜钦把地震和日蚀联系在了一起，认为自然灾害是上天对人类的一种惩戒。"天诫论"是当时的普遍观点。每次发生灾异，皇帝都会迅速颁布"罪己诏"，并举行祭天祭祖、大赦天下、问罪高官、更改年号等活动，实行改良朝政、任用贤良、减轻赋税等新政。

古人还常常将地震与许多奇怪的现象联系在一起。在《晋书·刘聪传》中，记载了十六国时期平阳发生的一次大地震。地震发生时出现了狂风、暴雨、雷电等现象，甚至大树都被连根拔起。

当时，村内有一个妇女产下了一个双头小孩，孩子的大伯父觉得生下的是一个妖怪。

现在我们知道，孩子畸形的原因是先天不足或母亲怀孕时身体的某些因素。当时人们把这件奇怪的事情和地震的发生联系了起来，是十分荒唐的。

古代思想家庄子已注意到地震有周期性，他说："海水三岁一周。流波相薄，故地动"。把地震与海洋潮汐联系起来，说明古人对自然的观察非常精细。

在中国史书和地方志中还记录了一些地震前的异常现象，如1556年1月23日陕西华县8.0级大震前，"日光忽暗，有青黑紫色，月影如盘数十，相摩荡，渐向西北散没"。这段记载表明，地震前在太阳上发生了一些特殊的物理现象。在地震发生前7~8个小时有缓慢的地面运动发生，如《华州志》记载："十二日晡时，觉地旋运，因而头晕"。此外，在地震前还有缓慢的长周期波动，如《华州志》记载：

"及夜半，月益无光，地仄立，苑树如数捕地，忽西南如万车惊突（大震）。"这种"地仄立"和"苑树如数捕地"的现象，就是一种长周期运动，随后才发生地震。

史料中除记有日月星辰的位置、房屋建筑的破坏程度、抗震特点、地貌改造外，还有地声、地下水、气象、生物、静电、溢气等大量无以计数的异常现象。清初蒲松龄在《聊斋志异》中，把他亲历的1668年郯城地震写成《地震》一文，记述了震前的地声异常："忽闻有声如雷，自东南来，向西北去，众骇异，不解其故，俄而几案摆酒簌，酒杯倾覆，方知地震"。民间村镇还有石刻、碑文、题记等的记载。

尽管古代学者们对地震有详细记载，但是他们并不了解地震发生的机理。

✿古希腊人率先对地震的成因进行物理学解释

在古代，世界很多地震区的人们对地震都有宗教性的解释。这些解释，可以在《圣经》和当时很多其他宗教著述中见到。《撒迦利亚书》（《圣经·旧约》中的一卷）中，甚至从岩石错动的角度去观察和解释地震："橄榄山将从中间劈开，一半向东，另一半向西。裂开的山体位置将出现一个大谷；山的一半将向北移，另一半将向南移动。"

这一段文字所描述的岩石错动和地震之间的物理联系，直至 20 世纪末才被人们理解。但是很早以前，古希腊人已经率先对地震的成因进行物理学解释了。

古希腊位于世界三大地震带之一的欧亚地震带（也称地中海—喜马拉雅地震带）上，这里频繁发生火山喷发、

▲ 古希腊地图

大地震动。古希腊人是秉性聪慧、善于观察自然现象并进行周密思维的民族。因此，古希腊的那些杰出的思想家们对大地和地震进行了人类最初的理性的科学探讨。他们很早就开始考虑从物理学的角度去解释地震，以取代民间传说和神话。虽然火山与地震有差别，但是他们同样会使人们感到恐慌和费解。在进行初步的分析判断后，古希腊的学者就没有人相信火山与地震是由神怪的骚乱引起的了。他们认为，地震的发生有其自然的原因。但究竟是什么原因，众说纷纭。

一年春天，泰勒斯来到埃及，人们想试探一下他的能力，就问他是否能解决测量金字塔的高度这个难题。泰勒斯很有把握地说可以，但有一个条件——法老必须在场。第二天，法老如约而至，金字塔周围也聚集了不少围观的老百姓。泰勒斯来到金字塔前，阳光把他的影子投在地面上。每过一会儿，他就让别人测量他影子的长度，当测量值与他的身高完全吻合时，他立刻将大金字塔在地面的投影处做了一个记号，再丈量金字塔底到投影尖顶的距离。这样，他就报出了金字塔确切的高度。在法老的请求下，他向大家讲解了如何从"影长等于身高"推到"塔影长等于塔高"的原理。也就是今天所说的相似三角形定理。

公元前 7 至前 6 世纪的古希腊思想家、科学家、哲学家，被称为"科学和哲学之祖"的泰勒斯（Thales，约公元前 624—公元前 546），在多个领域有所建树。在科学方面，他曾利用日影来测量金字塔的高度，并准确地预测了公元前 585 年发生的日蚀。他对天文学也有研究，确认了小熊座，被指出其有助于航海事业。他是最先将一年的长度修定为 365 日的希腊人。他还曾估算太阳和月球的大小。数学上的泰勒斯定理以他的名字命名。

在哲学方面，泰勒斯拒绝依赖神秘或超自然因素来解释自然现象，试图借助经验观察和理性思维来解释世界。他提出了"水本原说"，即"万物源于水"。

泰勒斯是古希腊第一个提出"什么是万物本原"这个哲学问题的人。他留下的一句著名格言是："水是最好的。"

泰勒斯向埃及人学习观察洪水，很有心得。他仔细阅读了尼罗河每年涨退的记录，还亲自查看水退后的现象。他发现每次洪水退后，不但留下了肥沃的淤泥，还在淤泥里留下了无数微小的胚芽和幼虫。他把这一现象与埃及人原有的关于神造宇宙的神话结合起来，便得出万物由水生成的结论。泰勒斯认为，水有滋养万物的作用，万物以湿的东西为养料，且都有潮湿的本性。从根本上说，潮湿的属性来自水，因此水是世界的本原。所谓的热，其实也是从湿气中产生的。

根据大震前后见到的泉水喷溢的异常现象，泰勒斯认为，大地是漂浮在水上的，天上地下都是水，之所以有地震，是因为大地在水中摇晃。

生于公元前 586 年的古希腊自然哲学家阿那克西米尼（Anaximenes，公元前 586—公元前 524），是泰勒斯的学生，也是古希腊天文学家、自然哲学家安纳西曼德（公元前 610—公元前 546）的朋友和学生。

▲ 古希腊天文学家、自然哲学家安纳西曼德

安纳西曼德也是泰勒斯的学生。他曾用一种很像日晷的计时器来测量时间和天象，用它发现了大致的分至点和黄赤交角。他还采用直角投影定理绘制了地图，写了一本关于解释当时地球和两栖动物情况的书，解释了月亮运行的变化规律，指出地球是扁平圆柱状的。他认为动物起源于无生命物质，人类起源于鱼类，并指出了世界和宇宙的无穷性，由此发展了宇宙学。安纳西曼德认为，上述宇宙中发生的不同现象，是受一种非人为的、自然的内在规律的支配，这是他对人类思想的一个伟大贡献。

每位哲学家都发展出自己独特的宇宙学，而没有完全拒绝老师对宇宙的看法或在他们之间造成重大分歧。和安纳西曼德一样，阿那克西米尼一直尝试以客观事实来解释这个世界。阿那克西米尼的大部分天文学思想都是基于安纳西曼德的，但他改变了安纳西曼德的占星术，以更好地适应他自己对物理学和自然界的哲学观点。

阿那克西米尼支持物质一元论。他认为，气体是万物之源，不同形式的物质是通过气体聚和散的过程产生的，并认为火是最精纯或是稀薄化了的空气。这个理论正好和他老师泰勒斯的观点"水是万物的起源"相反。而阿那克西米尼另一个老师安纳西曼德也认为在某一个时刻里，所有的东西都是气体。在他的理论里，气体是遵照自然的力量被转变成其他的物质，从而演变为一个原始的世界，就是我们生活着的地球。他认为气体是一种自然的材料，能在任何地方被找到，因此哲学理论被提升了。

阿那克西米尼解释了一个有趣的自然变化：当气体变稀薄的时候，它便变成了火；当它被压缩的时候，它变成了风；再被压缩就变成了水，然后是土地，最后变成了石头。总之，世上所有的一切都是由气体形成的。地球的岩石是产生震动的原因。当岩体在地球内部落下时，它们将碰撞其他岩石，产生震动，引发地震。（需要指出的是，阿那克西米尼的任何作品都没有保存下来。人们对于他的思想的了解是通过亚里士多德的评论和其他关于希腊哲学史的作品。也有学者指出，阿那克西米尼认为，闪电和雷的形成是因为云变成了风；当太阳照到云上的时候，就形成了彩虹；当下过雨、地面需要蒸发水分的时候，则形成了地震。或者说，干旱让大地干裂，之后大雨让土地松软，都能引起地震。）

亚里士多德试图揭示地震成因的原理

然而，上述古希腊学者的解释中，没有一个能够揭示地震成因的原理。第一个这样进行论述的，是古希腊学者亚里士多德（公元前384—公元前322）。他的重要贡献在于：他不是从宗教或占星术中寻找解释，诸如地震是由行星或彗星联合而产生的；相反，他注重当时的务实背景。亚里士多德讨论地震的成因，首先与常见的大气事件类比，诸如雷和闪电；其次与从地球升起的蒸汽和火山活动相联系。

与许多同时代的人一样，亚里士多德确信，地球内有一种"中心火"，虽然其他古希腊思想家们对其原因存在异议。

▲ 古希腊学者亚里士多德

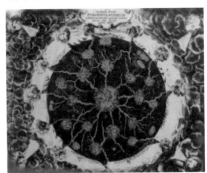
▲ 人们对地球内部的早期想象

亚里士多德认为，地下洞穴将像暴风雨云造成闪电一样产生火。这股火将快速上升，如遇阻碍，就将强烈地穿过围岩爆发，引起震动和声响。后来对这一理论的修正认为，地下火将烧掉地球外部的支护，跟着发生的洞顶坍塌，将导致像地震一样的震动。

亚里士多德把地震和大气事件联系起来，他的火和烟气引起地震的观点虽然不正确，但直到18世纪，都一直被广泛地接受。

亚里士多德还在地面震动的物理解释方面做出了贡献。他根据地震发生时对建筑物的震动方向（垂向的，还是横向的），以及是否伴有气体逸漏，把地震划分为不同的类型。在亚里士多德所著的《气象学》中，解释了多种不同类型的自然现象，如："下层土松散的地方摇动剧烈，因为它们吸引大量的风"。他还提出，地震是在地下洞穴中的风引起的，空气压迫洞顶导致小地震，而空气冲破了地表就形成了大地震。由于地震前有大量的空气被关在地下，就出现了炎热而平静的"地震天气"，通常发生在一天中最平静的晚上或正午。

所有古希腊人的解释，都缺少产生地震所需要的能量的机械力的理论概念。古希腊科学研究的优点在于实践者们有好奇心，它引导他们去研究地震分类和成因推测；其弱点是缺乏实验和应用仪器对自然现象作定量的观察。

⊗古罗马学者认为火山和地震两者联系紧密

卢克莱修（约公元前99—约公元前55）是古罗马唯物主义哲学家、诗人，常以诗歌形式解释自然现象，著名的哲理长诗《物性论》是他所著。他认为物质的存在是永恒的，并且反对神创论。他认为，只要人们知道事物发展的原因，就能摆脱宗教的束缚。

卢克莱修提出了和现代地震学十分相似的地震成因。他说："地下的岩石发生位移或接近地表的洞穴塌陷，就会形成地震。"

卢克莱修是提出地下洞顶岩石下落引起大范围震动的第一人，吸引了众多追随者，声势浩大。现在经证实，虽然局部地震可能由此引起，但若要引发中等程度的震动，凭落石的力量是远远不够的，更别说大范围地震了。

◆ 卢克莱修之矛

卢克莱修之矛是十大思维难题之一。不用任何的工具，证明宇宙是有限还是无限是非常难的一件事。但是在两千多年前，古罗马的著名哲学家卢克莱修是这样做的。他说，如果宇宙是有限的，当一个人走到了宇宙的尽头，使劲扔出一支矛会怎么样？这样的情况有两种，要么弹回来，要么继续往前飞。但是无论是哪一种，都说明宇宙之外都是有东西的，如果矛被挡回来，说明有东西挡住了。如果矛继续前进，说明宇宙有更多的空间，所以，卢克莱修认为宇宙是无限的。

卢克莱修认为，火山和地震两者联系紧密，如影随形。火山地带地底岩浆剧烈运动，即使没有造成火山喷发，也常是撼动坚固地面的元凶。不过，这种震感大都不强，震波也不会离震源太远。强震通常伴有火山喷发，两者间不像是母子关系，倒更像是兄妹情义，同为地壳脆弱地带的产物。

卢克莱修还认为，发生地震时"来自外界或者大地本身的风和空气的某种巨大力量，突然进入大地的空虚处，在这巨大的空洞中，先是呻吟骚动并掀起旋风，继而将由此所产生的力量喷出外界，与此同时使大地出现深的裂缝而形成巨大的龟裂"。

✦ 用牛顿定律解释地震成因开启了新的时代

早期学者的日记、书信及旅行日志，给我们提供了许多建筑物毁坏的记录。但是几个世纪过去了，由于严重缺乏对物理学原理的认识，人们对地质构造运动和地震的关系理解的发展是缓慢的。

18 世纪，在世界近代科学技术史上伟大的物理学家、天文学家和数学家艾萨克·牛顿有关波和力学著述的强烈影响下，一个新的时代开始了。牛顿的《自然哲学的数学原理》终于提出了能够统一解释地球上所有的运动，包括地震运动的公式。他的运动定律，提供了解释地震波所需要的物理学原理；他

▲ 英国物理学家、天文学家和数学家艾萨克·牛顿

的重力作用原理为理解造成地球形状的地质作用力提供了基础。关于地球潮汐现象，他评论说："海的涨潮和落潮，是由太阳和月亮的引力作用引起的。"

18 世纪中期，在牛顿力学影响下的科学家和工程师开始发表研究报告，把地震和穿过地球岩石的波联系起来，真正终结了将地震归因于超自然原因的迷信时代。这些研究报告很重视地震的地质效应，包括山崩、地面运动、海平面变化和建筑物毁坏。例如，有人像希腊人一样注意到，软地基上的建筑物比硬地基上的破坏厉害。有些学者开始保存并定期公布地震事件。1840 年，冯·霍夫首次发表全世界的地震目录。

1750 年，伦敦被地震摇动了几次，因而被文人们称为"地震之年"。2 月 8 日，人们因窗户作响、家具摇晃，跑到街上去了。一个月后，发生了一次更强烈的震动，使烟囱掉下，建筑物倒塌，教堂钟摇晃。这些事件，促使学者向伦敦皇家学会提交了几十篇论文。这些论文中，就有哈尔斯的《地震成因的一些考虑》。哈尔斯是一个勇敢和快乐的

实验者，他以自述方式描写 1750 年 3 月 6 日的地震："我在伦敦的一层居室中被震醒，很敏感地觉得床在起伏，地面必然也在起伏。在房子里突然响起听不太清楚的噪声，最后空气里传来像小炮一样的大声爆炸声。从地震开始到结束，有 3 ~ 4 秒的时间。"

哈尔斯关于伦敦地震原因的观点，与许多世纪以前经典哲学家所表述的观点是相似的："我们发现，在伦敦最近的地震中，地震发生前空气往往是平静的，天上出现黑色硫磺云，如果有风，这云可能像雾一样散开，而其扩散可以阻止地震。因为地震可能是由于这种硫磺云内爆发性闪电引起的。硫蒸气平时慢慢地从地球内部上升出来，当涌出量特别大时，可能造成长期干热的天气。当硫磺云和闪电两者都近地表发生时，上升的硫磺气可能着火，并引起地光，首先在地表点燃，并非想象的在深处的爆炸是地震的直接原因。"

⊠ 里斯本大地震激发了"现代地震学之父"的灵感

长期以来，西方的学者都是从亚里士多德的著作以及其他经典著作来学习地震知识的，很少对地震做实际的观察。因此，人类对地震的认识几乎处于停滞状态。直到 1755 年的葡萄牙里斯本大地震改变了这一切。

1755 年 11 月 1 日，一次灾难性的地震袭击了欧洲的伊比利亚半岛，这次灾难事件对地震科学研究起了关键性的促进作用。这次地震在欧洲的许多地区都有感，当人们参加宗教仪式时，注意到枝形吊灯摇晃。在葡萄牙和西班牙震感最强烈，葡萄牙里斯本的建筑物倒塌严重。

▲ 里斯本大地震引发海啸

在那次地震以及随之而

来的海啸中，死亡人数高达六万至十万人，其中许多人正在教堂做礼拜（那天恰好是星期天），上帝却不关心他们的死活。里斯本大地震也震撼了欧洲思想界，动摇了基督教的权威，同时也刺激了一些学者开始用博物学的方法研究地震。

里斯本大地震之后，西方学者开始注意详细记录地震发生的时间、地点，描述地震后发生的地质变化。

现代研究确认，里斯本大地震的震源位于葡萄牙西南海底一个叫东大西洋隆起的巨大构造上。

幸存者对里斯本地震的效应进行了这样的描述："首先城市强烈震颤，高高的房顶'像麦浪在微风中波动'。接着是较强的晃动，许多大建筑物的门面瀑布似的落到街道上，留下荒芜的碎石，成为被坠落瓦砾击死者的坟墓。在一些地方躺着车辆，车的主人、马和骑士几乎全被压死；这里是母亲抱着婴儿，那里是盛装的妇女、绅士和工人；有些人的背或腿被压断，另一些人被大石头压住胸部；有的几乎完全被埋在废墟里。水几次冲向塔固斯河，并急冲进城，淹死毫无准备的百姓，淹没了城市的低洼部分。随后，教堂和私人住宅起火，许多起分散的火灾逐渐汇成一个特大火灾，肆虐了 3 天，摧毁了里斯本的财富"。

这个富足的都市，基督教艺术和文明之地的破坏，深深触动了人们的心灵。许多有影响的作家提出这种灾难在自然界的位置问题。伏尔泰在其小说《公正》中写下了他观察里斯本大地震后感慨的评论："如果世界上这个最好的城市尚且如此，那么其他城市又会变成什么样子呢？"哲学家卢梭试图寻找对付地震的灵丹。他设想，如果人们回归自然，生活在空旷的地方，地震就不会伤害他们了。

里斯本大地震激发了被誉为"现代地震学之父"的英国工程师约翰·米歇尔的灵感。1760 年，虽然他对地震成因还没有得到正确的认识，但那时他写的有关地震的研究报告中已试图用牛顿的力学原理讨论地震动。他相信，"地震是地表以下几英里岩体移动引起的波动"。他还把地震波分为两类：迅速的震颤和接着而来的地面波状起伏。这

▲ 约翰·米歇尔

个描述与现代学者的认识已经非常接近。

米歇尔的一个重要结论是，地震波的速度，可以用地震波到达两点之间的时间来实际测量。在查阅了亲历者的报告之后，他计算出，里斯本大地震的波速约为 500 米／秒。虽然米歇尔得到的数值未必准确，但他首次做出这类计算的贡献不可磨灭。

✖ 用物理学和工程学原理探寻地震的地质性质

爱尔兰工程师罗伯特·马莱（1810—1881）的野外研究，为现代地震学奠定了坚实的基础。1857 年 12 月 16 日发生在意大利南部靠近那不勒斯的地震，为马莱提供了充分研究地震的机会。他在地震破坏地区进行调查的 3 个月里，建立了野外观测地震学的基础，并撰写了调查报告《观测地震学第一原理》，其中收录了下面的内容：

"当观测者首次进入那些被地震破坏的城市时，他置身于极度混乱之中。漫步于杂乱的石块和瓦砾之上……房屋向各方向倒塌，似乎没有什么规律。只有当找到一些控制点时，才能看到整个废墟的整体景观。然后，可以对一栋栋房屋、一条条街道进行耐心的研究，通过分析每一个细节，最终理解表面混乱之下背后存在的规律。"

马莱推动了 19 世纪中叶开始发展的工程学、地质学和力学等学科的相互渗透。他的目标是破除迷信，应用物理学和工程学原理去探寻地震真正的地质性质。他的工作取得了很大进展，而且创造了许多描述地震的基础术语。

马莱对地震研究的毕生努力是由 1830 年意大利地震中石柱被扭曲而开始的，他试图解决这一工程问题。他建立了一个综合性图书馆，搜集有关地震的书籍、剪报和杂志，并做出了第一个现代地震目录，收集了超过 6800 条地震目录，给出了地震的位置和影响。根据他的目录，做出了第一张可靠的标绘着地震预测效应的图件。

马莱还是最先实施人工地震的学者。他在地下引爆炮弹，然后通过观察置放在远处的容器中的水银表面记录波动。用一只跑表记录爆炸和水银表面波动之间经过的时间。从这些观察中，他推断出地震波在不同物质中传播速度不同。人们首次清楚地认识到，地震波受其通过的不同类型岩石的物理性质的影响。他计算出，通过砂质土地的波速为 280 米 / 秒，通过花岗岩的波速是 600 米 / 秒（比实际的数值小很多）。

他相信，那不勒斯地震是由火山爆发引起的，他注意到火山与发生地震的地区很近。尽管这种认为地震起源于火山喷发的想法现在被证明是错误的，但马莱设想地震波是从震源点开始的思想是正确的。进而，他提出地震波在岩石里类似声波在空气中传播，然后他得出结论：如果真是这样，地面的初动将显示规则的方向，即都从初始点向外。这样，高处坠落物体的方向或倾倒方向应指向或背向震源，从建筑物裂缝的方向也可推断地震波的传播方向。

▲ 圣安德列斯断裂

马莱通过把这些方向投影回到一个交汇点，试图计算出震源的位置。

我们现在知道，地震存在不同类型的波，马莱用坠落物体和建筑物中裂缝去估计地震震源位置是不实际的，特别是建筑物内裂缝主要与建筑结构有关。但不管怎样，马莱是第一个试图通过观测来确定地震位置的先驱。

直到 50 多年以后，随着现代地震仪的出现，震源深度才得以以不同精度加以估算。直到现在，计算震源深度仍常常存在一定的误差。

✳ 现代地震学成熟的标志："弹性回跳"假说

人们早期对地震成因的理解有很大的局限性。理解地震成因的转折点，来自对 1906 年 4 月 18 日发生在美国加利福尼亚的旧金山地震的研究。因为在这个地区没有活火山，所以地质学家对地震成因的认识没有试图转向古希腊有关地下爆炸、火山激发的概念。此外，1906 年旧金山地震的震源位于已做过测量的地区，布设了作为测量距离和高程所用的标志。这些大地测量结果，使有经验的地质学家可以对地面变形进行填图。

为了研究地震，美国加利福尼亚州成立了地震调查委员会，由加利福尼亚大学的劳森教授任主席。劳森召集的科学家们比较了震前与震后的测量数据，并研究观测到的地面变化。他们后来的报告包含的基本原理，至今仍对地震学有着深刻的影响。

现今广为人们接受的地震发生的断裂破裂机制的物理学原理，是由对发生在美国西部圣安德列斯断裂带上的 1906 年旧金山地震研究而确立的。1906 年以前，在跨圣安德列斯断裂带切过的区域做了两组三角测量：一组在 1851—1865 年；另一组在 1874—1892 年。美国工程师里德注意到，1851 年到 1906 年的 50 多年期间，断裂对面的远点移动了 3.2 米，西侧向北北东方向运动。当他对这些测量数据与地震后测量的第三组数据进行比较时，发现地震前和地震后，平行于圣安德列斯断裂带的破裂，都发生了明显的水平剪切。

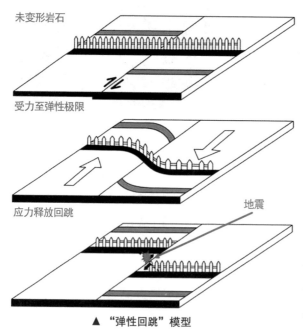

未变形岩石

受力至弹性极限

应力释放回跳

地震

▲ "弹性回跳"模型

自里德的工作之后，地震学界普遍认为，天然地震是地球上部沿着某一断裂发生突然滑动而产生的。这种滑移沿断面扩展，且滑移破裂传播的速度小于周围岩石中的地震剪切波波速。存储的弹性应变能，使断裂两侧岩石大致回跳到没有发生应变的位置。这样，至少在大多数情况下，变形的区域越长、越宽，释放的能量就越多，构造地震的震级也将越大。这就是"弹性回跳"假说。

自从 1906 年旧金山地震之后，地震学界普遍肯定了"弹性回跳"作为构造地震的直接原因。像钟表的发条上得越紧一样，岩石的弹性应变越大，存储的能量也越大，当断裂破裂时，储存的弹性能迅速释放，部分成为热能，部分成为弹性波，这些弹性波波就构成了地震。

◆ **"弹性回跳"假说的局限性**

有学者提出，"弹性回跳"假说对浅源地震可以给出一定程度的解释，但对于深达几百千米的地震无法解释，因在这样深的地方岩石已具有塑性，不会发生弹性回跳。

此外，这一假说还很可能把地表位移错误地当作断层位移。在多数大地震发生后，都发现有长的地表破裂带和明显的地表位移，但是，肉眼可见的断层两盘之间的位移却是极少见的。

例如，2001 年 11 月 14 日昆仑山口西 8.1 级地震、2008 年 5 月 12 日汶川 8.0 级地震等，都产生了很长的地表破裂带，但仅在部分地区发现了断层位移。

有些地震发生后，找不到地表破裂带。比如，1997 年至 1998 年新疆伽师发生了 9 次 6 级强震群，2013 年 4 月 20 日芦山 7.0 级地震和 2017 年 8 月 8 日九寨沟 7.0 级地震，都没有产生明显的地表破裂带。

这些现象，用"弹性回跳"假说也是很难是解释的。

通俗地说，"弹性回跳"假说认为，地震的发生是由于地壳中岩石发生了断裂错动，而岩石本身具有弹性，在断裂发生时已经发生弹性变形的岩石，在力消失之后便向相反的方向整体回跳，恢复到未变形前的状态。这种弹跳可以产生惊人的速度和力量，把长期积蓄的能量于刹那间释放出来，造成地震。

“弹性回跳”假说的提出，被认为是现代地震学成熟的标志。

这一假说能够较好地解释浅源地震的成因，但对于中、深源地震则不好解释。因为在地下相当深的地方，岩石具有塑性，不可能发生弹性回跳的现象。

大陆漂移和板块构造说

如果你仔细观察一下世界地图，就会发现，南美洲的东海岸与非洲的西海岸是彼此吻合的，好像是一块大陆分裂后，南美洲漂出去后形成的。1620 年，英国著名哲学家弗朗西斯·培根就指出过这一现象。在学术界最具影响的大陆漂移说，是由奥地利气象学家魏格纳提出的。

为了解释“为什么热带的羊齿植物曾在伦敦、巴黎甚至格陵兰生长，而巴西、刚果曾被冰川覆盖？”这个古气候问题，1915 年，魏格纳出版了题为《大陆及海洋的形成》的论著，充分论述了大陆漂移的证据。他认为，地球上所有大陆在中生代以前曾经是统一的巨大陆块，称之为泛大陆或联合古陆。中生代开始，泛大陆分裂并漂移，逐渐达到现在的位置，形成现在的七大洲四大洋。

魏格纳的理论，遭到了激烈的反对和攻击。20 世纪 30 年代初，大陆漂移说已几乎销声匿迹。

20 世纪 60 年代末，随着海洋地球物理调查的开展，一度沉寂的大陆漂移说以洋底扩张的形式东山再起，这就是板块构造说。这种学说认为，地球的表面，是由厚度大约为 100 ~ 150 千米的巨大板块构成，全球岩石圈可分成六大板块，即太平洋板块、印度洋板块、亚欧板块、非洲板块、美洲板块和南极洲板块。只有太平洋板块几乎完全在海洋，其余板块均包括大陆和海洋。板块与板块之间的分界线，是海岭、海沟、大的褶皱山脉和大断裂带。

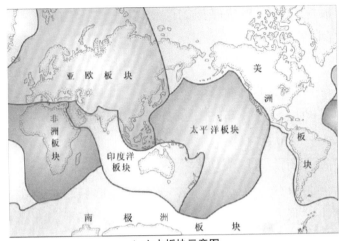

▲ 六大板块示意图

　　板块与板块之间的交接处，便是当今构造运动最活跃的地方。板块活动会产生地震，这些地方就是地震的高发地带。已知的活动方式，主要有三种：

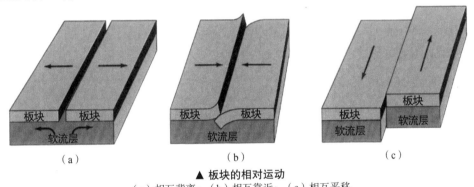

▲ 板块的相对运动
（a）相互背离；（b）相互靠近；（c）相互平移

　　一种是相邻板块互相背向而行，大洋中脊便是相邻板块背向而行的产物，这里也是新地壳诞生的地方。

　　再一种是相邻板块相向而行，其结果将使两板块发生碰撞。这时，如果一方是海洋板块，一方是大陆板块，则海洋板块将向大陆板块的下方俯冲，俯冲处便形成了海洋中最深的海沟；而大陆板块的边部则被迫突起，形成沿海的山脉，如环太平洋的山系。如果相撞的两板块都是大陆板块，则会在碰撞处形成高高崛起的山脉，如喜马拉雅山脉便是印度洋板块与亚欧板块碰撞的产物。

板块之间的第三种活动方式，是相互擦肩而行，好比本是停靠在一个车站的火车，正沿着相邻的平行轨道向着相反方向运行一般。比如，位于美洲西部，南起加利福尼亚湾，大致平行于海岸线向北西延伸的圣安德列斯大断层。一千多万年前原本紧紧相邻的两侧岩石，现在已南北相距 400 ~ 500 千米。

板块构造说还认为，板块不是永恒不变的。两个板块会因互相碰撞、焊接缝合而成为一个板块。另一方面，原本的一个板块也会因破裂和沿开裂处扩张而演化成为两个板块。如分布于非洲东部的由一系列深水湖构成的"东非裂谷带"，就是正在孕育的分裂板块的胚胎期；当其进一步演化发展便会形成如红海、亚丁湾那样狭长的海域，为新大洋的幼年期；再进一步便发展成像大西洋那样的成年期；然后是太平洋所代表的衰退期，也就是说，这时大洋的扩张基本结束，开始走向收缩；接下去便发展成为像地中海那样的终了期，洋盆面积进一步缩小；最后便导致两岸大陆的碰撞，形成山系，留下标志两大陆碰撞结合的"缝合线"，如喜马拉雅山脉。

✖ 新大陆漂移模型能够部分解释地震的成因

经过多年研究，中国科学院矿产资源研究专家梁光河提出了"新大陆漂移模型"。新大陆漂移模型指出，全球大陆平均地温梯度为 $3℃/100m$。由此推测，大陆地表 40 千米之下温度可达 $1200℃$，在这样的高温下，大部分岩石会发生熔融或部分熔融；大洋地温梯度远高于大陆，因此地下深处温度升高更快。

大陆板块可以在热力驱动下自己发生漂移。动力机制是大陆板块漂移划开洋壳，引起岩浆不断上涌，在陆块后面冒泡，巨大的岩浆热动力推着板块往前跑。我们可以形象地把大陆漂移比喻成"平底热锅里的黄油会自己跑"。这个运动过程，是基于大陆板块首先发生裂解，产生了一个裂缝和岩浆上涌。在初始阶段，大陆漂移与海底扩张一致，但洋中脊喷出的岩浆很快会被海水熄灭，因此海底扩张不能持续；但大陆板块漂移后，在其后面持续不断地涌出的岩浆并不会被海水熄灭，这个热力推动过程可能持续推动大陆板块向前漂移。

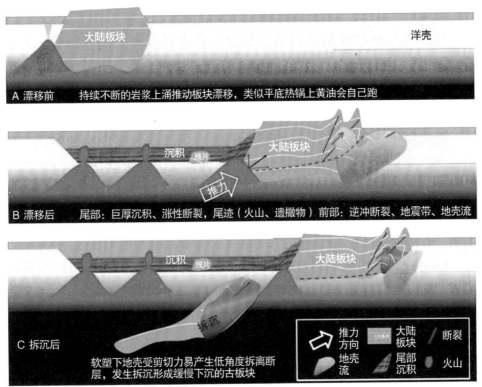

▲ 新大陆漂移模型

新大陆漂移模型的主要特征如下：

大陆板块的最前方因受到挤压，增压升温产生地壳流，洋壳隆起。

大陆板块前部会产生逆冲断层、造山带、火山带、地震带；同时地壳流的上涌会在大陆板块前部的部分薄弱带出现伸展构造。

在大陆板块后部产生巨厚沉积和正断层；大陆板块尾部会有拖尾隆起，可能留下火山岛链、大陆碎片遗撒物。

大陆板块漂移过程中，软塑的中下地壳受剪切力，易产生低角度拆离断层，使得部分大陆板块的下地壳发生拆沉，形成缓慢下沉的板块碎片。

这个模型说明，大陆板块漂移的前部会产生高压地壳流（10多千米以下深度就可以达到超临界水的温压条件），也存在大量的逆冲断裂。满足产生大地震的两个必要条件：即超临界流体和活动深断裂。而大陆板块漂移的后部，是相对开放环境，难以聚集超临界流体，虽然有一系列正断层，但不能形成强震。

部分大陆板块产生的拆沉古板块，在下沉过程中随着温度上升，下沉板块发生分异和相变，部分轻物质上升，而重物质继续下沉。这个下沉的板块再与其他漂移的大陆板块发生碰撞，产生超临界流体，从而发生深源地震。

新大陆漂移模型在一定程度上能够解释部分地震发生的原因。但是，这一模型也有不够严谨的地方。比如，认为在大陆地表 40 千米之下温度可达 1200℃ 的高温。对温度的推断是可以接受的，多数学者相信，地壳底部和地幔上部的温度约为 1100 ~ 1300℃；认为在这样的温度下，大部分岩石会发生熔融或部分熔融，这种观点是值得讨论的。

1200℃ 对于组成地壳的花岗岩来说，已经超过了其熔点（花岗岩的熔点为 950 ~ 1000℃）；而对于组成上地幔的橄榄岩和玄武岩来说，还达不到熔融的状态，因为橄榄岩的熔点高达 1910℃、玄武岩的熔点为 1500 ~ 1600℃；况且，当地下压力增大时，岩石的熔点要升高。

在这里还要特别强调的是，很多学者常常把"岩石圈"和"地壳"弄混淆。

板块构造理论研究的主要对象是岩石圈，而不仅仅是地壳。

大陆地表 40 千米之下，应该达到了上地幔。整个地壳的平均厚度约为 17 千米，大陆地壳的平均厚度约为 33 千米，海洋地壳的平均厚度约为 6 千米。岩石圈包括地壳的全部和上地幔的顶部，是地球上部相对于软流圈而言的坚硬的岩石圈层，厚度约 60 ~ 120 千米。

深源地震的震源深度超过 300 千米，很可能在软流圈（在洋底下面，它位于约 60 千米深度以下；在大陆地区，它位于约 120 千米深度以下，平均深度约位于 60 ~ 250 千米处）中或之下。板块构造理论的地幔对流运动，就是在软流圈中进行的。岩石圈板块就是在软流圈之上漂移的。

✴ 当今科学界公认：常见的地震成因类型

划分地震种类的方法很多。根据地震的成因，常见的地震可分为构造地震、火山地震、陷落地震、水库地震和人工地震等。

构造地震。构造地震也被称作"断层地震"，是由地壳（或岩石圈，少数发生在地壳以下的岩石圈上地幔部位）发生断层而引起。地壳（或岩石圈）在构造运动中发生形变，当形变超出了岩石的承受能力，岩石就发生断裂，在构造运动中长期积累的能量迅速释放，造成岩石振动，从而形成地震。

世界上90%左右的地震、几乎所有的破坏性地震都属于构造地震，包括大家熟知的1960年智利大地震、1976年唐山大地震、2008年汶川大地震和2011年日本"3·11"大地震等。

构造地震活动频繁，余震大小不一，延续时间较长，影响范围最广，破坏性最大，因此，是地震研究的主要对象。

火山地震。火山地震是由于火山活动时岩浆喷发冲击或热力作用而引起的地震。这类地震为数不多，数量占地震总数的7%左右。

虽然火山喷发和地震都是岩石中构造力作用的结果，但它们并不一定同时发生。与火山活动相关发生的地震称作火山地震。这类地震可产生在火山喷发的前夕，也可在火山喷发的同时。这类地震震源深度一般不超过10千米，常限于火山活动地带，多属于没有主震的地震群型，影响范围小。

陷落地震。陷落地震是因岩层崩塌陷落而形成的地震。主要发生在石灰岩等易溶岩分布的地区。这是因为易溶岩长期受地下水侵蚀形成了许多溶洞，洞顶塌落，造成地震。此外，高山上悬崖或山坡上大岩石的崩落，也能形成这类地震。

陷落地震只占地震总数的3%以下，且震源浅，震级也不大，影响范围及危害较小。但在矿区范围内，陷落地震也会对矿区人员的生命造成威胁，并直接影响矿区生产。因此，对这类地震也应加以研究和防范。

水库地震。在原来没有或很少地震的地方，由于水库蓄水引发的地震，被称为水库地震。并不是所有的水库蓄水后都会发生水库地震，只有当库区存在活动断裂、岩性刚硬等条件，才有诱发的可能性。水库地震大都发生在地质构造相对活动区，且均与断陷盆地及近期活动断层有关。

水库地震一般是在水库蓄水达一定时间后发生，多分布在水库下游或水库区，有时在大坝附近。发生的趋势是最初地震小而少，以后逐渐增多，强度加大，出现大震，然后再逐渐减弱。

水库地震震源深度较浅，震级也不是很高，以弱震和微震为主，最大的震级目前不超过 6.5 级。

人工地震。人工地震是指核爆炸、工程爆破、机械振动等人类活动引起的地面震动。这类地震，通常可用来研究地震波的传播规律，勘察地下构造，进行相关科研等。

二 识别地震灾害风险

✕ 地震灾害的突出特点

灾害是对能够给人类和人类赖以生存的环境造成破坏性影响的事物总称。一切对自然生态环境、人类社会的物质和精神文明建设，尤其是对人们的生命财产等造成危害的天然事件和社会事件——如地震、火山喷发、风灾、火灾、水灾、旱灾、雹灾、雪灾、泥石流、疫病等，都可以称作灾害。

按成灾条件，灾害可分为自然灾害和人为灾害两大类。自然灾害是指由于自然异常变化造成的人员伤亡、财产损失、社会失稳、资源破坏等现象或一系列事件，如飓风、地震、海啸、干旱、洪水、火山爆发等。

许多自然灾害，特别是等级高、强度大的自然灾害发生以后，常常诱发出一连串的其他灾害发生，这种现象叫灾害链。比如，地震经常会引发的滑坡、海啸、泥石流等次生灾害。

和其他自然灾害相比，地震灾害有很多独特的特点，下面介绍一下其中比较突出的特点。

灾害重，社会影响大。强震释放的能量是巨大的。一个5.5级中强震释放的地震波能量，就大约相当于2万吨TNT炸药所能释放的能量。或者说，相当于第二次世界大战末期美国在日本广岛投掷的一颗原子弹所释放的能量。如此巨大的地震能量瞬间释放，危害自然特别严重。相对于其他自然灾害，地震灾害的一大突出特点是死亡人数较多，人们称为"群灾之首"。

地震由于突发性强、伤亡惨重、经济损失巨大，它所造成的社会影响，也比其他自然灾害更为广泛、强烈，往往会产生连锁反应，对于一个地区甚至一个国家的社会生活和经济活动会造成巨大的冲击。它波及面比较广，对人们心理上的影响也比较大，这些都可能造成较大的社会影响。

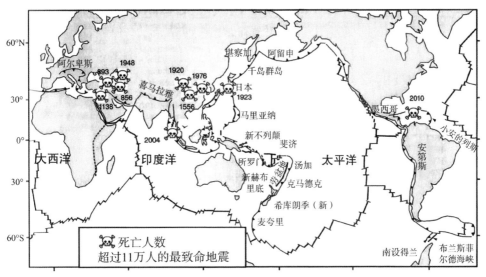

▲ 856—2016 年全球死亡人数超过 11 万人的最致命地震震中位置
（图中数字为地震发生的年份）

地震灾害的次生灾害比较严重。 如 1923 年 9 月 1 日发生在日本关东地区的 8.3 级地震，震中位于东京和横滨两座大城市之间。震后市区 400 多处同时起火，引发大面积火灾，横滨市几乎全部被烧光，东京的 2/3 城区化为灰烬，在地震死亡的 10 万人中 90% 死于火灾。地震次生灾害造成的损失远远大于地震直接造成的损失。

许多城市发生的地震灾害都伴随不同程度的火灾、水灾，这是因为城市的各个角落都存在各种危险品、易燃品、易爆品。这些是造成危害城市的灾害源，在地震时常出现严重的意料之外的次生灾害。

灾害程度与社会和个人的防灾意识有关。 众多震害事件表明，在地震知识较为普及、有较强防灾意识的情况下，可大幅度减少地震发生后造成的灾害损失。假如人们对防灾常识一无所知，一旦遭遇地震，就不会科学从容地应对，造成很多本不该发生的或完全可以避免的人身伤亡。如 1994 年 9 月 16 日台湾海峡 7.3 级地震，粤闽沿海震感强烈，伤 800 多人，死亡 4 人。这次地震，粤闽沿海地震烈度为Ⅵ度，本不该出现伤亡。伤亡者中的 90% 是因为缺乏地震知识，震时惊慌失措、拥挤奔逃造成的。广东潮州饶平县有两所小学，因学生在奔逃中拥挤踩压，伤 202 人，死 1 人；同次地震，在福建漳州，中小学校都设有防震减灾课，因而临震不慌，同学们在老师指挥下迅速躲在课桌下避震，无 1 人伤亡。因此，加强防震减灾宣传，提高人们的防震避震技能，具有非常重要的意义。

⊗ 常见的地震波类型和破坏性

地震时，振动在地球内部以弹性波的方式传播，因此被称作地震波。这就像把石子投入水中，水波会向四周一圈一圈地扩散一样。

地震发生时，震源区的介质发生急速的破裂和运动，这种扰动构成一个波源。由于地球介质的连续性，这种波动就向地球内部及表层各处传播开去，形成了连续介质中的弹性波。

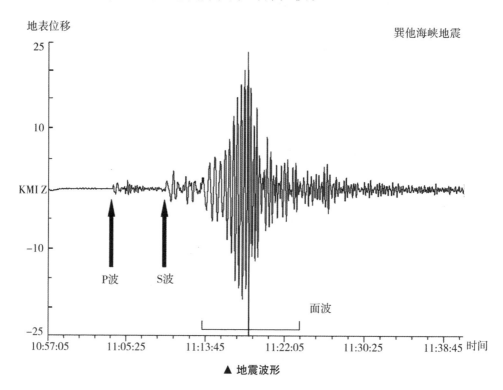

▲ 地震波形

地震波按传播方式分为三种类型：纵波、横波和面波。

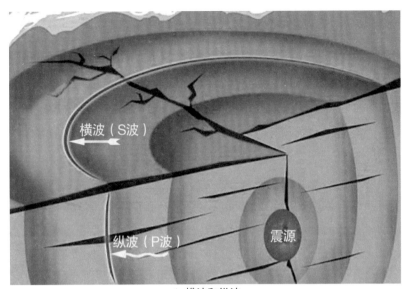

▲ 横波和纵波

纵波是推进波，地壳中传播速度为5.5~7.0千米/秒，最先到达震中，又称P波，它使地面发生上下振动，破坏性较弱。

横波是剪切波，在地壳中的传播速度为3.2～4.0千米/秒，第二个到达震中，又称S波，它使地面发生水平向振动，破坏性较强。

面波是混合波，是由纵波与横波在地表相遇后激发产生的，又称L波。面波实际上是体波在地表衍生而成的次生波。面波的传播较为复杂，既可以引起地表上下的起伏，也可以是地表做横向的剪切，其中剪切运动对建筑物的破坏最为强烈。

建筑物建在较厚土层，诸如沿河流冲积河谷中的沉积物上，地震时易遭受严重破坏，其原因是波的放大和增强作用。当我们振动连在一起的两个弹簧时，弱的弹簧将具有较大的振动幅度。类似地，当S波从地下深处传上来时，穿过刚性较大的深部岩石到刚性较小的冲积物时，冲积河谷刚性小的软弱岩石和土壤将使振幅增强4倍或更大，这取决于波的频率和冲积层的厚度。如1989年加利福尼亚洛马普瑞特地震时，建在砂土和冲填物上的旧金山滨海区的房屋比附近建在坚固地基上相似的房屋破坏更大。

✿ 地震烈度反映地震动和震害的强弱程度

历史上，人们在多次经受地震灾害之后，试图采用一种简便的方法来表示地震、地震动或震害的强弱程度，这就是地震烈度的起源。

最早具有地震烈度概念的记录，可以追溯到 1564 年欧洲的学者加斯塔尔迪。他在讨论一次地震的影响时，用不同颜色，表示地震影响的强弱。

地震烈度这一概念在地震学和地震工程上一直广泛使用。在我国曾以烈度作为地震活动性强弱的标志来进行地震区划；工程上现在仍参考基本烈度来确定抗震设防标准。

到 19 世纪，出现了许多地震烈度表，大多是表示地震震害和地震动的强弱。只有个别的烈度是用最大震害来表示一次地震本身大小的——即用震中烈度来表示地震大小。当时没有地震仪，只能采用当时最普遍的宏观现象作为地震的指标。自从地震仪诞生之后，有了地震波记录，就为定量地描述地震大小提供了依据。

1935 年，查尔斯·里克特（1900—1985）建立了震级的概念，人们就根据仪器记录的地震波，用震级来描述地震本身的

▲ 查尔斯·里克特
（1900—1985）

大小，而用烈度来描述某地点的地震动和震害的强弱程度。地震烈度主要依据地震的宏观现象来确定。宏观现象可以概括为四类，即人的感觉、建筑结构的破坏、物体反应和自然现象。

由于宏观现象是定性的，描述较为模糊。因此，随着地震科学和地震工程学的发展，人们试图用一些物理参数作为烈度的定量指标，如用地面加速度、速度和地面位移等。但由于种种原因，纯粹用这些物理量作为烈度指标还存在一些问题。因此，目前只能当作是烈度的

一种参考指标，以作为对宏观现象描述的补充。

需要强调的是，地震震级和地震烈度是彼此相关的两个不同的概念。在工程上，人们一般用地震烈度作为建筑物或构筑物抗御地震破坏能力的指标，而不用地震震级的概念。某些人常说的"抗8级地震"，实际上是想说"建筑物或构筑物能抗御地震烈度为Ⅷ度的地震"，而这个地震的震级可能是8.0级，也可能是6.0级；这个地震的震中也许离建筑物很远，也许很近。但不管怎么说，地震在建筑物或构筑物所在地造成的地震影响和破坏是Ⅷ度。说"抗8级地震"是很不科学的。

地震烈度是表示地面及房屋等建筑物遭受地震影响破坏的程度。同一地震发生后，不同地区受地震影响的破坏程度不同，地震烈度也不同。判断烈度的大小，是根据人的感觉、家具及物品振动情况、房屋及建筑物受破坏的程度，以及地面出现的破坏现象等。

通常，距离震源近，破坏就重，烈度就高；距离震源远，破坏就轻，烈度就低。

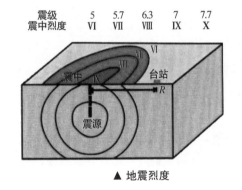

▲ 地震烈度

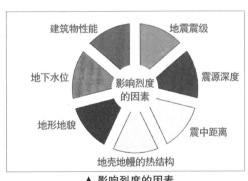

▲ 影响烈度的因素

烈度是从宏观地震现象归纳得来的判据规定的，是定性的。烈度的每一度，都含有多种判据，在互相参证对比中得到的结果最好。它的每一判据，都须是有代表性的。很显然，确定一项判据，必须从长期累积起来的大量地震现场调查资料中去选择，才能满足要求。

在地震现场，一般可以根据以下三方面的第一手资料分析和判断地震烈度：

人的感觉。也就是从无感（只有仪器能记录到）以至使人惊逃，在许多不同程度的情况中，选取判据。

人工设施的破坏。建筑物中有易于震坏的，也有耐震不易破坏的，种类很多，破坏情况也各有不同，从中分类归纳，作成判据。

自然环境的破坏。地震使山崩河塞，地裂泉涌，自然环境为之改变，造成不同程度的震害。对于破坏的具体情况加以分析，从中选取材料，作为判定烈度的依据。

我国将地震烈度分为 12 度。一般小于Ⅲ度，人大多无感觉，只有仪器能记录到；大于Ⅸ度，会对建筑物造成毁灭性的破坏。

Ⅰ度：仪器能记录到，人没有感觉。

Ⅱ度：绝大部分人几乎无感，室内个别静止中的人有感觉，个别较高楼层中的人有感觉。

Ⅲ度：室内少数静止中的人有感觉，较高楼层中的人有明显感觉。悬挂物轻微摇摆。

Ⅳ度：室内多数人、室外少数人有感觉，少数人梦中惊醒。悬挂物明显摆动，器皿作响。

Ⅴ度：室内绝大多数、室外多数人有感觉，多数人梦中惊醒，少数人惊逃户外。悬挂物大幅度晃动，门窗、屋顶、屋架颤动作响。

Ⅵ度：多数人站立不稳，多数人惊逃户外。轻家具和物品移动或翻倒。出现喷砂冒水现象。

Ⅶ度：大多数人惊逃户外，骑自行车和行驶中的汽车驾乘人员有感觉。物体从架上掉落或翻倒。常见喷砂冒水现象，松软土地上地裂缝较多。少数建筑轻微破坏。

Ⅷ度：多数人感觉摇晃颠簸，行走困难。除重家具外，室内物品普遍倾倒。少量出现地裂缝，喷砂冒水现象严重。多数建筑中等破坏。

Ⅸ度：行走的人摔倒。室内物品普遍倾倒。多处出现地裂缝，可见基岩裂缝、错动，常见滑坡、塌方。多数建筑严重破坏。

Ⅹ度：骑自行车的人会摔倒，人会摔离原地、有抛起感。出现山崩和地表断裂现象。大多数建筑毁坏。

Ⅺ度：地表断裂延续很长，大量山崩、滑坡。绝大多数建筑毁坏。

Ⅻ度：地面剧烈变化，山河改观。绝大多数建筑毁灭。

✴ 哪些因素会影响人对地震的感觉

破坏性地震发生时，震中地区人们的感受是相当强烈的。比如，身体严重失控，不能自主行动；跑不动，站不稳；被晃后摔倒，甚至有上抛、失重的感觉；有时还可能会被抛出室外。显然，面对突然出现的灾变，房倒屋塌，以及震时莫名的身体失控，人们的心理上往往会产生巨大的恐惧感。

下面要讨论的是地震时人的感觉，主要指的是地震不太强烈，或距离震中距离较远的情况。

早期的地震知识图书上往往说，3.0级以上地震人们才会有感。然而，在过去的几十年里，人们碰到很多2.0级左右地震就有人感觉到的例子。这也许是研究和关心地震的人越来越多，能够发现的有感现象也越来越多的缘故。

人对地震的感觉往往有三种途径：一是通过坐着的座椅、站立的地面或躺着的床铺直接感觉到振动；二是看见周围的物体，尤其是吊挂的电灯与某些容易晃动的物体在振动；三是听到周围某些物体振动的声音。

▲ 同一地震在不同地区的烈度不同

每一个人对振动感觉的灵敏程度是不一样的。对振动感觉灵敏程度一样的人，地震时，在楼上、在地面或在地下空间，感觉也是不一样的。在楼上的感觉强，在地面的次之，在地下空间的弱。地震有感强弱程度，通常可分为无感、有感、明显有感、强烈有感、惊恐、站立不稳、摔倒等。描述一次地震的有感强度，还必须注意有这种感觉的人的多寡：个别、少数、多数、大多数、普遍等。对于所感觉到震动的性质也有上下颠簸、水平摇摆等不同。水平摇摆还可分出具体的方向。

有感范围与地震大小有关。地震越大，有感范围越大。通常，7.0级地震有感范围达 500 千米，6.0 级地震有感范围达 200 千米，5.0 级地震达 80 千米，4.0 级地震达 30 千米，3.0 级左右地震只有在震中区才感觉得到。例如，1973 年 2 月 6 日四川炉霍 7.6 级地震时，在距震中约 370 千米的成都，少数人有震感。2008 年 5 月 12 日汶川 8.0 级地震时，有感范围则大了很多，宁夏、甘肃、青海、陕西、山西、山东、河南、湖北、湖南、重庆、贵州、云南、广西、西藏、江苏、辽宁、上海等地都有震感。

有感程度与有感范围还和震源深度有关。震源越浅，地面上越容易感觉到轻微的震动。比如，有些 1.0 级多的水库诱发地震会有感，可能就与震源浅有关。可是，对于较大的深源地震来说，震中无破坏，有感范围却很大。如，1999 年 4 月 8 日吉林珲春—汪清一带发生 7.0 级深震，震源深度达 540 千米，东起中朝边境的图们、丹东，西迄内蒙古自治区开鲁、库伦，北至黑龙江省的大庆、佳木斯，南达河北省的承德、秦皇岛，都有不同程度的震感，有感面积约 45 万平方千米。

此外，**人的感觉与其他许多因素有关**。如楼房内的人比平房内的人感觉明显，住在高层楼房的人普遍比房内的人感觉明显，处在一般场地的人比处在基岩或硬场地上的人感觉要明显等。

✳ 影响地震破坏程度的主要因素

地震活动引起一定范围的地面发生不同形式的运动，因此造成破坏。地震破坏程度受很多因素的影响，主要有以下几个方面：

地震震级、震源深浅及震中距。地震的震级越高，释放出的能量越大，可能造成的灾害越重。震源的深浅也是重要的影响因素，几乎所有的破坏性地震均属于浅源地震。对于震级相同的地震来说，震源越浅，震中烈度越高；震源较深时，地震的影响范围大，但震中烈度低。当震源很浅时，即使发震震级不大，也会造成严重的破坏。除可能出现的烈度异常区外，地震区的烈度一般随震中距的增大而降低，烈度由高到低大致呈同心椭圆形，建筑的震害也有明显呈由重到轻的分布规律。

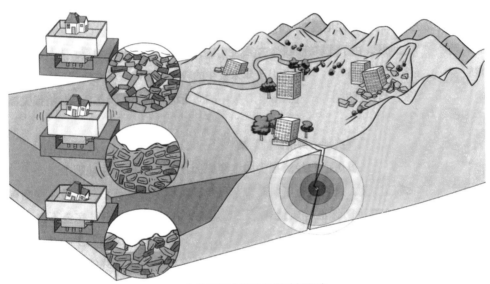

▲多种因素会影响地震破坏程度

场地条件。地震发生后，地震波由震源向地表传播，地震区的地形、地貌、岩土特性、地下水位情况及有无断裂带等因素都会直接影响地震波的传播。这种影响是综合而复杂的，一般来说，土质较软并且覆盖层厚、地下水位高、高耸突出、地形起伏较大及有断裂带通过的场地，地震灾害会明显加重。

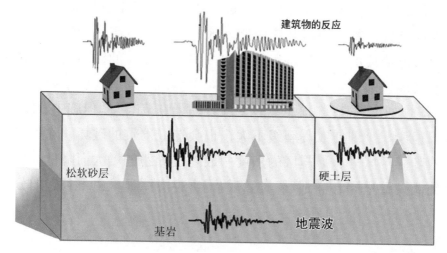

▲不同地层和建筑对同一地震波的不同反应

构造地震的发生，主要是由于活动断层的错动引起的。在强烈地震中，活动断层错动处是能量释放的"爆点"。假如建筑建造在断层处，一旦发生破坏性地震，其破坏是不可避免的。

人口密度和经济发展水平。人口密度的大小和经济发展水平的高低，对震害的成灾程度有很大影响。通常情况下，经济发展水平高的地区一旦发生强烈地震，会造成严重的经济损失，但这种地区的建筑多数在设计建造时考虑了抗震设防要求，抵御地震的能力相对较强，造成的人员伤亡相对较少。所以，近年来发生在一些发达国家的破坏性地震，往往经济损失的程度要远远大于人员伤亡。在人口密度高但经济欠发达地区，由于建筑抗震能力弱，一旦发生破坏性地震，人员伤亡通常较多，但经济损失相对较小。纵观近几十年来发生的较为惨重的破坏性地震，大部分集中在发展中国家，而当地震发生在这些国家人口集中的城市地区时，人员伤亡和经济损失都很巨大。

建筑工程抗震防御标准与措施。建筑震害是造成人员伤亡的主要原因，在破坏性地震中，处于同一烈度区内的同类建筑，是否进行了抗震设防以及设防标准的高低，与其破坏程度有很大关系。达到抗震设防标准、质量有保证的建筑，在地震中并不是完全不发生破坏，但破坏程度明显低于未设防建筑，倒塌伤人的情况很少。地震的发生时间短暂，直接造成的地表和建筑的破坏以及因此带来的损失只是直接损失，最终的破坏程度与震前防御措施是否得当、震后应急救灾工作能否迅速有效地展开也有着密切的关系。这在历史上数次大的破坏性地震中都有过相应的经验及教训，值得我们总结和吸取。

地震的发震时间。唐山大地震就是发生在凌晨，很多人在睡梦中就被掩埋在了废墟之下。从历史地震记录看，发生在夜间或凌晨的地震，往往会造成较严重的人员伤亡，这是很容易理解的。这个时段，人们大多在室内休息，防范能力处于最低状态，对于突如其来的地震，无法及时做出正确的反应，加上夜间照明差，如果电力系统因地震而破坏瘫痪，会进一步加剧人群的恐慌，不但难以排险救人，还会造成混乱引起更大的伤亡。

社会和个人的防灾意识。众多震害事件表明，在地震知识较为普及、民众有较强防灾意识的情况下，可大幅度减少地震发生后所造成的灾害损失。相反，假如人们对防灾常识一无所知，一旦遭遇地震，就不会科学从容地应对，造成很多本不该发生的或完全可以避免的人身伤亡。因此，加强防震减灾宣传，提高人们的防震避震技能，具有非常重要的意义。

❈ 地震的直接影响和间接影响

地震的影响指与地震有关的宏观现象，包括直接影响和间接影响两种。

直接影响又称为原生地震影响，主要指与地震成因直接有关的宏观现象，例如地震成因断层（又称"发震断层"）的断裂错动；区域性的隆起或沉降，大块地面的倾斜或变形，悬崖、地面裂缝、海岸升降、海岸线改变，以及火山喷发等对地形的影响。直接影响往往在极震区才能见到。研究地震的直接影响具有很重要的意义，它有助于我们认识地震的成因与过程，推断并解释构造运动。

▲ 2011 年 3 月 11 日日本东北部海域发生部 9.0 级地震导致地面开裂错动

间接影响又称为次生地震影响。主要指由于地震产生的弹性波传播时在地面上引起的震动而造成的一切后果。如山崩、地滑、海啸、湖水激荡、滑坡、泥石流、砂土液化、地面沉陷、地下水位变化、火灾、人的感觉等。此外还包括由地震造成的社会秩序混乱、生产停滞、家庭离散、生活困苦等所引起的人们心理损伤等影响。

直接影响和间接影响有时并不容易区别，比如地裂，既可以是直接影响，也可以是间接影响。间接影响虽然不是分析地震成因的主要依据，但与人民生命、财产的安全都有密切关系，因此也同样为人们所重视，特别为工程建设人员所重视。

✖ 为什么我国的地震灾害特别严重

我国幅员辽阔，地理和气候条件复杂，自然灾害种类较多且发生频繁，除现代火山活动导致的灾害外，几乎所有的自然灾害每年都有发生，其中就包括地震灾害。

我国地震活动有频次高、强度大、分布广的特点，在全球范围内的强震活动中也占有相当的比重。据统计，20 世纪在全球大陆地区的地震中，我国发生的强震所占的比例为 1/4 ～ 1/3，而因地震造成的死亡人数和灾害的损失却占到了1/2。我国地震灾害十分严重，1900年至今，我国死于地震的人数已超过了70万人，约占同期全世界地震死亡人数的一半。

序号	日期	地点	震级	经济损失（亿元人民币）
1	2008.05.12	四川汶川	8.0	8451
2	1976.07.28	河北唐山	7.8	100
3	1996.02.03	云南丽江	7.0	40
4	1988.11.06	云南澜沧—耿马	7.6	20.5
5	1996.05.03	内蒙古包头	6.4	15
6	1996.03.22	河北邢台	7.2	10
7	1975.02.04	辽宁海城	7.3	8.1
8	1998.01.10	河北尚义	6.2	7.9
9	1998.10.19	山西大同	6.1	4.0
10	1986.04.16	四川巴塘	6.7	3.9
11	1996.03.19	新疆伽师	6.9	3.9

▲ 1949年以来我国大陆经济损失较严重的几次地震

造成我国地震灾害严重的原因，首先是地震既多又强，而且绝大多数是发生在大陆的浅源地震，震源深度大多只有十几至几十千米。

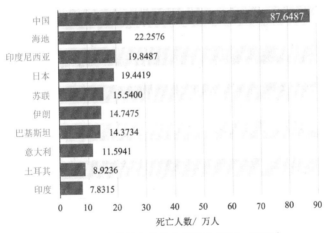

▲ 地震死亡人数较多的几个国家（1900—2016）

其次，我国许多人口稠密地区，如台湾、福建、华北北部、四川、云南、甘肃、宁夏等，都处于地震的多发地区；约有一半的城市处于基本烈度Ⅶ度或Ⅶ度以上地区。其中，百万人口以上的大城市，处于Ⅶ度或Ⅶ度以上地区的达70%；北京、天津、太原、西安、兰州等大城市均位于Ⅷ度区内。

　　我国地震灾害严重的另一个重要原因，就是经济不够发达，广大农村和相当一部分城市，老旧建筑物的抗震性能差，抗御地震的整体能力低。一次又一次的地震灾害充分证明了这一点。

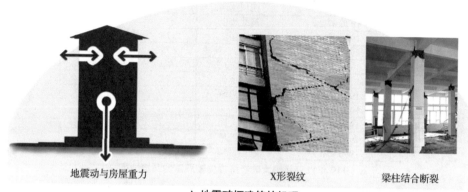

地震动与房屋重力　　　　　X形裂纹　　　　梁柱结合断裂

▲ 地震破坏建筑的机理

　　近年来我国城市快速发展，人口和财富高度集中，大批建造的新型建筑成为城市的主要景观，加上熙熙攘攘的人群，密如蛛网的道路，川流不息的车流，打造了一片繁荣的景象。但应该认识到，城市的高度集中化使城市中各个系统之间的相互关联愈加紧密，往往会牵一发而动全身，在突发灾害面前反而更为脆弱。

　　应该说，我国地震灾害严重与民众对地震灾害的防范意识不强有很大关系。在我国经济发展的过程中，整个社会防灾意识的提高与经济的发展并不同步。防灾意识淡薄、防灾知识缺乏，会使人们在地震来临时惊慌失措，无法展开有效的自救和互救，甚至会因为混乱造成更严重的灾害，由此引发一系列的社会问题。

　　我国的抗震防灾体系和日、美等发达国家相比，还有相当的差距，如果发生同等强度的地震，可能造成的伤亡和损失会严重很多。整个社会防灾体系的建立和完善需要一个漫长的过程，不仅要有正确的防灾意识作为指导，还要有切实可行的法律、法规来保证其贯彻和实施，与技术经济水平相适应的技术标准体系建设也是重要的保障。

✳ 1976 年唐山地震带给我们的启示

1976 年 7 月 28 日 3 点 42 分，唐山发生 7.8 级地震，地震震中在唐山开平区越河乡，即北纬 39.6°，东经 118.2°，震中烈度达Ⅺ度，震源深度 12 千米。

唐山大地震是 20 世纪十大自然灾害之一。地震造成 24.2 万多人死亡，16.4 万多人重伤；7200 多个家庭全家震亡，上万家庭解体，4204 人成为孤儿；97% 的地面建筑、55% 的生产设备毁坏；交通、供水、供电、通信全部中断；一座拥有百万人口的工业城市在 23 秒内被夷为平地。

唐山地震带给我们很多教训和启示：

学习防震知识是降低灾害损失的重要途径。在每一次大地震中，总有一些人是因为不懂防震知识而失去生命的。如果懂得防震知识，也许唐山留给我们的痛苦还能小一些；也许不会有那么多的人失去生命，那么多的家庭从此消失。震后有学者调查发现，很多地震中的幸存者，都是懂得一些防震知识的人。他们利用自己掌握的有限的防震知识、逃生知识，使自己躲过了那场灾难，至少留下了生命。

▲ 唐山大地震纪念碑

如果我们能够更好地普及地震知识，普及地震防范知识，让广大群众不仅知道地震的危害，更知道地震时的震兆、地震发生时如何逃生、如何选择相对安全的地方进行躲避，就能够有效减少地震对生命的危害，减少伤亡。

研究表明，地震灾害的大小和程度，固然取决于地震的大小及地震受体的易损性程度，但震时人们能否选择正确的避险行为，对于减轻地震损失，特别是减轻伤亡，是十分重要的因素。

关于震后倒塌物中生存空间的存在，已被多次地震所证实。震后，唐山市区被埋压在室内的约有 63 万人，其中有 20 万～30 万人是自行脱险的，约占被埋压人员的 30%～40%。这充分表明，即使在房屋倒塌之后，只要避险得当，利用室内生存空间还是可以大大减少伤亡的。另据调查，约有 70% 的人是跑出室外或室内避险获得生存的，相对应地，采取不当的避险方式，生存概率极低。只有 1.5% 的人是跳楼、跳窗获得生存的。

这表明，跳楼、跳窗不是有效的避险方式。

因此，普及地震及防震知识，对保护广大人民群众的生命安全十分重要，必须高度重视。

必须重视科学抗震设防。唐山是一个人口超百万的大城市，尽管大量建筑物为新建，但唐山地区几乎所有的工业建筑、民用建筑的设防水准是比较低的，当时是按照基本烈度Ⅵ度以下设防的，所以造成的破坏程度很大，伤亡也很重。

新唐山的规划中，设定的当地抗震标准为Ⅷ度。水、电、煤、通信等生命线工程都考虑了防震抗震措施；城市的对外公路出口，由原来的每个方向一个，增加到每个方向两个，可以确保城市的对外交通和联系；增加绿化和工业绿地，可以就近避难和疏散。

唐山地震启示我们，随着国民经济的飞速发展，城市建设的抗震设防应被认识和加强。否则，一旦发生破坏性地震，经济越发达的地区，遭受的损失就越大。

救援体系的完善对减轻人员伤亡至关重要。通过唐山大地震，我们认识到应急救援体系的重要性。如果当时我们有一个完整的应急救援体系的话，我们的损失会大大减少。

一个完整的应急救援体系，主要包括：震前有一套应急预防的组织系统、有一套相应的应急系统、有一套应急指挥技术系统、有一支应急救援队伍。

必须强调的一点是：救援要及时。紧急救援的"黄金时段"是 72 小时。唐山大地震后发现，30 分钟内被救出的人员，存活率 99.3%；一天之内被救出的，存活率 81%；第二天被救出的，存活率只有 53%；第三天被救出的，存活率只有 36.8%；第四天被救出的，存活率只有 19%；第五天被救出的，存活率只有 7.4%。随着时间的推移，存活的被埋压人员会越来越少。

唐山地震使我们认识到，时间就是生命，必须实施现代化的紧急救援行动。

✳ 2008 年汶川地震带给我们的启示

2008 年 5 月 12 日 14 时 28 分，我国发生了震惊世界的四川汶川 8.0 级特大地震，地震震中在四川省汶川县映秀镇，即：北纬 31.0°，东经 103.4°，震中烈度达 XI 度，震源深度 14 千米。

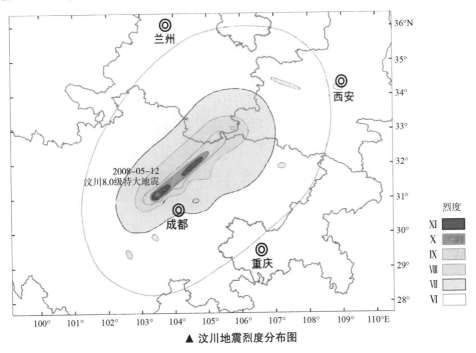

▲ 汶川地震烈度分布图

汶川地震是新中国成立以来破坏性最强、波及范围最广、救灾难度最大的一次地震。强烈的地面震动造成北川、汶川、青川等地房屋损毁严重，交通、通信大面积中断，地震触发大规模滑坡、崩塌、滚石及泥石流、堰塞湖等灾害，举世罕见。仅崩塌、滚石和滑坡就达 1 万多处，大小堰塞湖多达 104 个，在造成巨大损失的同时，也给人员搜救、伤员救治、灾民转移安置和抢险救灾工作造成极大困难。地震造成 69227 人死亡，17923 人失踪，374643 人受伤。直接经济损失 8523 亿多元。

地震灾害的主要原因是，汶川地震发生在人口密集且经济发展较为集中的地区，地震释放能量巨大，成灾范围广，建筑物大量倒塌，次生灾害众多。此外，地理环境复杂，救援难度极大。

汶川地震带给我们许多启示：

抗震设防能力不足是房屋大量倒塌的重要原因。汶川地震造成约 779 万间房屋倒塌，2459 万间房屋损坏，北川县曲山镇和汶川映秀镇等一些城镇几乎被夷为平地。为什么震区房屋大量倒塌破坏？其主要原因是：汶川地震释放能量巨大导致破坏力极强，严重的地震地质灾害加剧了房屋破坏程度，极震区抗震设防烈度偏低致使房屋抗震设防能力不足，抗震设防监管存在一定欠缺，普通农居基本不具备防御地震的能力，城市仍占一定比例的老旧房屋倒塌较多。

在极重灾区北川县曲山镇，虽然遭受严重损坏，但仍有近 30% 的房屋建筑由于采取了恰当的抗震设防措施，虽严重受损而未倒塌，减少了人员伤亡。震区内的水电重大工程，根据地震安全性评价结果采取了抗震设防措施，经受住了考验，包括紫坪铺水库在内的 1996 座水库、495 处堤防虽部分出现不同程度的沉降错位，附属设施遭到一定的破坏，但大坝主体没有严重破坏，无一溃坝。

地震安全农居建设是改变我国农村基本不设防现状的重大举措，这一举措在汶川地震中充分体现了减灾实效。地震烈度为Ⅷ度的四川什邡市师古镇农村民居 80% 损坏，而该镇宏达新村地震安全农居却 100% 完好；地震烈度为Ⅷ度的甘肃省文县临江镇东风新村，武都区外纳乡李亭村和桔柑乡稻畦村，由于实施了地震安全农居工程，所有农居安然无恙。

汶川地震再次表明，抗震设防能力不足是造成房屋大量倒塌的重要原因，也是我国与美国、日本等发达国家在防震减灾能力上的主要差距。

　　汶川震区地质环境复杂，很多城镇、村庄的建构筑物位于地震活断层上，且未避开易产生崩塌、滑坡、泥石流等地震次生灾害的地区。这表明城镇规划缺乏地震活断层探测、地震小区划、震害预测等地震安全基础工作。

　　防御地震灾害，必须高度重视抗震设防。地震活断层探测和地震危险性评价，城乡规划建设的地震安全区划，重大建设工程、生命线工程和易产生严重次生灾害工程的地震安全性评价，一般工业和民用建筑物抗震设防要求管理等，都是最大限度地减轻地震灾害的基础工作。

　　不可忽视防震减灾科普宣传的重要作用。 汶川地震凸显了防震减灾科普宣传的重要作用。如四川省6个重灾市州建成10所省级和82所市县级示范学校，并经常开展疏散演练，把防震减灾知识宣传教育作为必修课程。与其他学校相比，这些学校在这次震灾中应急措施更得力、处置更得当，除1所学校外基本达到零死亡，取得了明显的减灾实效。

　　四川德阳孝泉中学师生成功避险是防震减灾科普宣传发挥减灾实效的典型案例。汶川地震发生时，作为防震减灾科普示范学校之一的孝泉中学，1300余名学生在短暂惊恐后，迅速镇定下来，在老师带领下，仅用3分钟就全部有序疏散到操场，随后高中教学楼轰然倒塌，其余校舍都成为严重危房，而师生无一伤亡。

　　然而，总体上防震减灾科普宣传教育等公共服务匮乏的特点也给我们了很多启示。群众基本不具备自救互救知识，震区很多人员疏散逃生不及时，方式方法不科学。尤其对于人员密集的中小学校，仅有防震减灾科普宣传示范学校做到了有序疏散。

　　在地震应急准备和紧急救援能力方面要下足功夫。 在我国防震减灾工作体系中，地震应急救援体系建立的时间相对较晚，未经历过如此大规模、复杂的现场应急救援，也没有进行过大震巨灾演练，在技术储备、协调机制和救援队伍等方面都存在一些薄弱环节。

　　现行地震应急预案应对大震巨灾存在缺陷。应急预案没有特别针对大震巨灾制定应对措施，所设计的指挥体系和运行机制不能有效应对大震巨灾。各级各类指挥部缺少预案层面的权责约束，震后初期各自开展救援，缺乏相互间的协调沟通。地震灾害紧急救援队、工程抢险队、救援部队、公安干警、医疗队以及志愿者队伍的跨区域组织协调和管理未纳入地震应急预案，管理权限也不明确。

汶川地震表明，大地震往往几十年一遇，容易产生懈怠和侥幸心理，必须树立大震巨灾防御观，以应对大震巨灾为出发点，立足防大震、救大灾，切实做到"应急预案实战化，救援队伍专业化，应急管理常态化"，并从源头上做好预防和应急准备。

对志愿者需要强化组织和管理。地震发生后，四川等受灾地区的团组织、志愿者组织在党和政府的统一领导下，迅速建立了抗震救灾志愿服务工作协调联络机制，来自共青团、红十字会、国际救援组织等选派的志愿者有条不紊、按部就班地协助开展抗震救灾工作。但是，我们也看到，不少志愿者是自行组织或只身前往都江堰、绵阳、德阳等重灾区抗震救灾的，他们的行动具有一定的盲目性，因此在自带的食物和饮水耗尽后自身反而成了被救援的对象，而且他们当中许多人驾车前往，加剧了交通拥堵。这些问题给正常开展救援工作造成了一些不利影响。

政府的引导与推动、支持与扶持，对志愿服务活动的开展和健康发展有着非常重要的意义。在突如其来的危机面前，包括政府在内的任何一个公共组织的力量总是有限的，无法单独满足应对危机的所有需求。因此有效地整合调动整个社会资源，充分发挥各种社会力量的能动性，是对紧急状态下社会保障体系的及时补充，志愿者组织应该肩负起这个职能，应解决志愿者"谁来派"和"如何管"的问题。

志愿者希望能够尽一己之力回报社会，那么他们必须具备为社会提供服务的基本技能和知识，因此政府要出台相关政策，鼓励社会培训机构的加入，有步骤、有计划、有主题地对各类志愿者进行必要的专门培训。

✴ 鼓励公众积极参与收集和上报地震灾情

影响较大的地震发生后，地震造成的破坏有多大，有没有人员伤亡，经济损失情况，社会影响如何，是各级政府最为关切的问题之一。对各级政府及时组织抢险救灾、决策指挥具有重要的作用。因此，及时、准确地收集并上报地震灾情是一项非常重要的工作。

我国目前大致有三种途径获得地震影响和灾害情况：一是人在感觉和观察到情况后迅速将信息上报；二是靠仪器观测记录得到；三是应用遥测遥感技术从空中观测。

地震灾情速报主要是地震等相关部门的工作，也是震区各级政府及所属行业部门的职责，还是社会各单位和个人义不容辞的义务。如果地震时你正处在灾区，具备条件的话，请尽量努力去第一时间参与收集和上报地震灾情。

▲ 遭受地震破坏的北川县城航空遥感图

靠人的感官直接察觉情况，将消息通过各种传递渠道和手段迅速传送上报。人们在最短的时间内得知并上报何时何地发生了地震以及不同地区的震感、破坏、人员伤亡、群众情绪等情况，可使有关部门迅速汇集情况，得知灾害的程度和范围。

仪器观测有两种方法：一是将遥测台网地震仪观测数据经过分析处理后得到较为准确的发震时间、地点和震级大小以及震源深度，然后根据经验估计地震灾害大小；二是烈度遥测台网的烈度仪可测得不同地点的烈度值，将不同地点的烈度值分析处理后，可得到等烈度图，然后根据经验估计不同烈度区的宏观灾害。仪器观测的不足之处是所得到的结果是估计的、宏观的，难以反映具体地点的真实震害情况和地震对人和社会的各种影响。

应用遥测遥感技术从空中观测，所得到的结果也是估计的、宏观的，而且是在震后一段时间之后才能得到，不能靠它实时得知灾情。它的长处在于可以得知大范围的震灾总体情况及其随时间的变化情况。

由此可见，人的速报是最直接的，它在地震灾情速报中具有极其重要的作用。

在地震灾情速报中，需要报告的灾情内容主要是：人员的伤、亡及地点等情况；建筑物、重要设施设备的损坏或破坏情况；当地生产的影响程度及群众的家庭财产损失；群众情绪、社会秩序等社会影响情况。

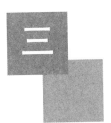

三 人们关心的测地震与报地震

✷ 中国古人是如何认识地震的

中国关于地震原因的探究和观测，始终从属于"天人合一""阴阳五行"整体论思想。在古代，掌管"天文、地动、风云、气色、律例、卜筮等事"的官员名为太史，历代太史留下的观象卜筮的文献材料中，存有众多关于地震的记载。如关于地震起源最早的记载来自周幽王时的太史伯阳甫。他认为，地震是由于"阳伏而不能出，阴迫而不得升"导致的。而早期预测地震的方法主要是观星测震，如《晏子春秋》中曾记载，齐国3位大臣看到"维星绝、枢星散""钩星（水星）在四心间"，便预测会发生地震。据了解，仅唐太史瞿昙悉达编撰的《开元占经》中，就收录历代天文著作中的观星测震经验90余条，可见中国古代地震观测已达到较为先进的水平。与此同时，古人认为君臣不和、诸侯专制、人君荒酒、黎民背叛等政治问题是地震的根源。

元代后期，观测地面上宏观异常现象的"观地测震"开始盛行。明天启六年（1626年），北京等地接连发生强震，意大利耶稣会传教士龙华民印发地震普及读物《地震解》，列举了如水象异常、光象异常、气象异常等6种征兆，这些征兆贴近百姓生活，不再像日月星辰等高远飘渺、神秘莫测，因此颇受大众欢迎。与此同时，古代百姓凭借生活经验，也逐渐摸索出一套颇为实用的地震预测方法。例如清代《银川小志》里记载："如井水忽浑浊，炮声散长，群犬狂吠，即防此患。至若秋多雨水，冬时未有不震者。"足见古人对地震发生规律的探索和思考已经相当深入。

清康熙五十九年十一月十一日（1720年12月10日）直隶（河北）沙城地震。康熙皇帝在直隶巡抚赵弘燮的奏报上朱批："朕已打发人到沙城去看，果然大动之后常有微震，这次略大些等语，所以其气连致微动，从来大动之后再无复动之理。"看来清朝皇帝康熙对余震已经有了一定的认识。

✿ 地震仪是怎么发展起来的

地震发生时所引起的地面振动，可通过地震仪来观测。

最早的地震仪是东汉张衡发明的——张衡地动仪，虽然它只能测出地震动的方向，无法记录地震动的过程，但也难能可贵。

▲ 张衡地动仪

第一台真正意义上的地震仪，**由意大利科学家卢伊吉·帕尔米里于 1855 年发明，它具有复杂的机械系统**。这台机器使用装满水银的圆管并且装有电磁装置。当震动使水银发生晃动时，电磁装置会触发一个内设的记录地壳移动的设备，粗略地显示出地震发生的时间和强度。

在对维苏威火山的观测中，帕尔米里借助他的电磁地震仪通过螺旋弹簧上一物体的运动测到地面的垂直运动，并且通过在 U 形管内水银的运动测到地面的水平运动。虽然帕尔米里的仪器和那个时代的其他仪器不是现代意义上的地震仪，但是它们确实能给出地震的方向、强度和持续时间，并且能对水平运动和垂直运动都有反应。

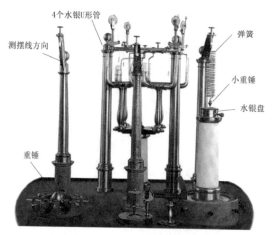

▲ 帕尔米耶里和水银 U 形管测震器

第一台精确的地震仪，于 1880 年由英国地理学家约翰·米尔恩在日本发明，他也被誉为"地震仪之父"。当时访日的英国工程教授约翰·米尔恩在其东京帝国大学的同事詹姆斯·尤因等人的帮助下，研制出记录地震动随时间变化的仪器。该仪器十分轻便且操作简单。因此，这种有效的工作地震仪被安装在全世界的许多地方。事实上，在 1897 年加州的里克天文台内由加利福尼亚大学建立和管理的北美第一座地震台上安装的就是这种地震仪。

虽然现代地震仪比米尔恩和他同事的地震仪复杂，但是所依据的基本原理是相同的。如果我们能不受地震的影响悬浮在空中，借助于一只下垂的铅笔并让这支笔在固定于振动地面上的一张纸上来回运动，我们就能得到地震波图。然而，由于重力存在，使得一个物体真正完全悬浮是不能实现的，地震仪中在贴地的框架上支撑一块重物，以摆锤形式使重物尽量减少与框架的联系而接近自由悬浮。当地震波振动框架时，这块重物的惯性使它落后于框架的运动。经典仪器中，这种相对运动是用笔墨记录在旋转鼓的纸上，或者利用光点照到胶片上产生类似记录。现在已经有了数字式记录仪器。

地震时，地面同时在三个方向上运动：上下、东西和南北。一台地震仪仅能记录运动的三个分量中的一个。

　　米尔恩认识到，把三个独立地震仪的记录合并起来，就能重新建造在一点上运动的完整记录。垂直运动可以通过悬挂在框架上弹簧所系的重物记录下来，上下跳动的重物将留下一个记录。为了测量地面的水平运动，重物通常系在一个水平摆上，摆的摆动如同门在合页上摆动。在多数记录中，重物与框架之间的相对运动不是真实的地面运动。实际运动必须考虑摆的运动物理学，通过计算得到。

▲ 米尔恩绘制的地动仪复原模型（1883）

　　地震仪一般必须记录振幅小到 10^{-9} 米的地震波。这些相对运动过去是借助机械方法放大，比如，借助一系列相连的机械杠杆或者光杠杆（从远处将光点投影到记录面上）放大它的运动。

　　1906 年，俄国王子鲍里斯·格里岑发明了第一台电磁地震仪。在这台机器的设计中，格里岑利用了 19 世纪由英国物理学家迈克尔·法拉第提出的电磁感应原理。这种仪器可以在感受到震动时将一个线圈穿过磁场，产生电流并将电流导入检流计中，检流计可以测量并直接记录电流。这个电子装置的优点在于记录器可以放置在实验室里，而地震仪可以被安放在比较偏僻的可能会发生地震的地点。

在现代地震仪中，摆与框架之间的相对运动会产生一个电信号，这个电信号被放大几千倍甚至几万倍，然后驱动电针记录到敏感的记录纸上。地震仪摆的电信号也能被记录在磁带上或以数字的形式储存在计算机中。

需要指出的是，地震仪只能用于测量地震的强度、方向，并不能用于预测地震。

⊗ 美国地震预测研究的黄金时代

虽然美国地震学的老前辈、震级的发明者里克特曾经不屑地说："只有傻瓜和骗子才会试图预测地震。"但是历史上仍然有无数的人要当这类"傻瓜或骗子"。且不说那些根据经书、星相之类进行预测的迷信方法，从科学的角度思考，理论上有两条途径可以用来预测地震：一条是找出地震发生的规律或机理，一条是发现地震即将发生的前兆。

到了19世纪下半叶，又有人开始用实验的方法研究地震，发明了地震仪等仪器。另一场大地震——1906年旧金山大地震刺激了许多地质学家投身地震研究，确定了地震的发生是地壳运动产生的能量在断层及附近的岩石中长期积累、释放的结果。

▲ 1906年旧金山大地震后的景象

但是直到20世纪60年代，对地震预测的研究才似乎有了科学基础。此时，随着板块构造学说的建立，人们对地震成因有了更深入的认识，而且由于冷战时期监测核试验的需要，让测量地震的仪器变得更为灵敏。时机看来已成熟，苏联、日本和中国在这个时期先后开展了全国性地震预测项目。

此前，对地震预测普遍抱怀疑态度的美国地震学界，这时也不甘人后。1964 年 3 月 27 日，阿拉斯加发生 9.2 级地震并引发海啸，131 人丧生。这是美国历史上最大的地震。因为有了电视，地震的惨状更能刺激公众的感官，地震预测一下子成了迫切的任务。在美国总统的要求下，美国成立了一个专门委员会。该委员会在 1965 年建议由联邦政府资助地震预测研究，制定 10 年计划。与此同时，美国地质调查局也宣布成立一个新的研究中心，从事地震预测。不过，一直到 1973 年，美国联邦政府才正式资助地震预测研究，主要由美国地质调查局承担。随即，地震预测研究进入了黄金时代。

1976 年，美国国家研究委员会发表《预测地震》报告，乐观地估计在 5 年之内有可能科学地预测加州的一次 5.0 级以上地震，在 10 年之内在那些布置好了设备的地区发布可靠的地震预测有可能成为常规。第二年，美国国会设立全国地震灾害减轻项目，划拨 3000 万美元，其中一半用于地震预测研究。相关的课题很容易申请到经费，有一个课题是研究蟑螂的行为来预报地震。许多美国地震学家相信，他们很快就能掌握预测地震的方法。

这种乐观情绪是从苏联和中国传过来的。在 20 世纪 70 年代初，美国地震学界获悉苏联地震学家已发现了一种能够成功地预测地震发生的简单、可靠的方法：通过测量两种地震波——纵波和横波的速率比，看是否有异常。1975 年，从中国传来了一个更令人震惊的消息：中国地震学家成功地预报了 2 月 4 日的 7.3 级海城地震，本来可能导致十几万人伤亡的大地震，由于提前疏散，只有 2000 余人丧生。第二年，美国地震学家为此组团到中国进行调查，看能否取经。

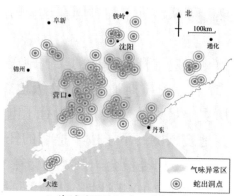

▲ 海城地震前气味、动物异常

但是这种乐观状态持续的时间不长。前往苏联学习的美国地震学家发现，苏联地震学家对地震波的速率比是否异常的认定，完全是随心所欲的，并没有一个客观的标准，无法用来预测地震。

美国专家认为，海城地震的成功预报，是由于 2 月 3 日晚和 4 日凌晨在海城出现了一系列小地震，群众已经开始警觉。海城地震的成功预报，是建立在之前发生的一系列小地震基础上。但是，只有少数大地震会有前震，而小震通常并不导致大地震，所以即便海城地震有过根据小震预报大震的成功预报，也只能说是一个偶然。这种"经验"是无法学习的。

虽然有人误以为中国地震专家已掌握了地震预测技术，但随后的两次地震恐慌事件和发生在中国的唐山大地震很快就把美国学者成功预报地震的幻想破灭了。

✷ 虚假的地震预报经常会引起社会恐慌

美国在 20 世纪 60 年代开始重视地震预测的研究，地震学家们一度对此充满了信心。这种乐观情绪也感染了普通公众，让他们以为科学家已经发现了准确预测地震的办法，使得他们轻信某个"地震专家"擅自发布的地震预测。随后发生的两次地震恐慌事件，让人们知道，虚假的地震预报引起的社会恐慌，并不亚于真正的地震。

第一个事件是国际事件。1974 年 10 月 3 日，在秘鲁首都利马西南部发生了一次 8.1 级地震。美国矿务局地质学家布雷迪与美国地质调查局地质学家斯宾塞合作，在 1976 年预测，利马将在 1980 年秋天发生一次 8.4 级的地震并引发海啸，把整个城市夷为平地。布雷迪声称通过实验并根据爱因斯坦的统一场理论发现了一种能准确预测地震的办法。一开始美国地质调查局认为布雷迪的理论"有合理的科学依据"。但是在 1979 年布雷迪修改其预测称，从 1980 年 9 月开始，利马在 9 个月内将会发生 13 次大的前震，然后在 1981 年 7 月发生一次 9.8 级地震，后来又修正为 9.9 级。这将是前所未有的大地震，如此骇人听闻才促使地质调查局怀疑布雷迪的方法。美国全国地震预测评价委员会进行了调查以后，否定了布雷迪的预测。

但是秘鲁政府很认真地对待布雷迪的预测。虽然布雷迪预测的系列前震并没有发生，但是几次小地震和在秘鲁发生的"动物异常现象"——突然出现大量的跳蚤——让许多人仍然相信布雷迪预测的末日即将来临。1981 年 6 月底，在"末日"的前夕，美国全国地震预测评价委员会派人到利马，接受电视和报纸采访，试图平息恐慌。但是无济于事。这名特派员在美国驻秘鲁大使馆吃晚餐时，由大使夫妇亲自供餐。起初他以为这是为了节省纳税人的钱，后来才知道大使馆里所有的本地雇员包括厨师都已经逃离利马。

1989 年，一位获得过动物学博士学位，但自己从事气象研究和地震预测的人——布朗宁宣布在 1990 年 12 月 3 日左右，美国密苏里州的新马德里将有 50% 的可能发生 6.0 ～ 7.0 级甚至更大的地震。布朗宁的理论依据是在那一天地球、月亮和太阳将会在一条线上，引起大潮，并触发那个纬度的地震。布朗宁的预测被美国主流媒体广为报道，虽然大多数美国地质学家们都认为这是无稽之谈，但是密苏里本地一个地震方面的教授却支持布朗宁，向当地政府发去警告。当地政府采取了一系列防震措施，组织防震训练，发送防震手册，建立避难所。邻州也做好了援助救灾准备。这一系列行动花了大约 2 亿美元。在预计发生地震的那天，学校、工厂都关闭了。但是地震并没有发生。几个月后布朗宁因心脏病发作病故。

美国主流的地震学家同样经历了一次地震预测"滑铁卢"。在20世纪70年代，美国地震学家对地震前兆做了很多研究，有的是历来相传的"前兆"（例如动物行为异常），有的是新发现的"前兆"（例如氡气测量），但是都未能确定这些"前兆"真的能用于预测地震的发生。最终，他们把赌注都放在了一个地方——加州的帕克菲尔德。

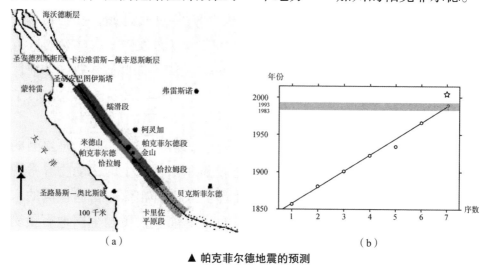

▲ 帕克菲尔德地震的预测

（a）美国加州圣安德烈斯断层帕克菲尔德地段（红色地段）；（b）历史上，从1857年到1966年每隔大约22年就很有规律地发生一次6.0级左右的地震，问号表示所预测的帕克菲尔德地震，预报帕克菲尔德发生地震的时间窗是1983—1993年。帕克菲尔德6.0级地震（五角星）迟至2004年9月28日才发生，比预报的时间晚了11年

1979年，美国地质调查局的研究人员注意到，在加州帕克菲尔德这个地方，似乎很有规律地定期发生5.5~6.0级地震，自1857年以来已发生了6次，平均间隔时间大约是22年。最后一次发生于1966年，据此预测下一次应该发生于1988年左右。1984年，美国地质调查局启动"帕克菲尔德实验"，并在1985年4月发布预测，有95%的把握认为，在未来的5~6年内帕克菲尔德将会发生一次大约6.0级的地震，不晚于1993年1月。

地震学家们认为他们终于等来了一个可以对地震的发生进行全程监控的机会。帕克菲尔德布满了各种各样的仪器测量地震"前兆"，100多名研究人员参与了这项"帕克菲尔德实验"。然而，该来的地震却没有来。反而在 1989 年和 1994 年分别在旧金山和洛杉矶附近发生了破坏性地震。2004 年 9 月 28 日，帕克菲尔德地震终于姗姗来迟，比预测的晚了 11 年。

一种可能的解释是，其间帕克菲尔德周边发生几次较大地震，它们对帕克菲尔德的应力积累起到一定卸载作用。由于这种复杂的动力作用，会给该地区上次地震与这次地震的前兆异常带来差异。对这种复杂的地球物理过程，人们还知之甚少，目前所提出的一些地震成因理论和地震孕育模式，都还只是在最简化条件下的物理抽象，尽管在不同程度上勾画了地震成因的图像，但离科学揭示地震孕育、发生规律还有很大的距离。

✳ 姗姗来迟的日本"东海大地震"

日本地处环太平洋地震带上，该地震带分布着一连串海沟、列岛和火山，板块移动剧烈。日本群岛又恰好位于亚欧板块和太平洋板块交界处，在两大板块碰撞、挤压之下，交界处的岩层便出现变形、断裂等，产生火山爆发与地震。日本每年平均有感地震 1000 次，仅东京的有感地震年均约 40 次。

1906 年，时为日本东京帝国大学助理教授的今村明恒（1870—1948）根据历史地震和自己的研究在一份名为《太阳》的杂志上发表了一篇论文。在这篇并不起眼的论文中，他确认东京近海的相模湾为地震空区，并预言在 50 年内日本相模湾将发生大地震。今村明恒的文章当时并没有引起人们的警惕，相反，却引来了许多人的嘲笑和反对。尤其是这篇文章受到了日本地震学泰斗，时为东京帝国大学地震学教研室主任大森房吉教授的猛烈抨击（大森是日本地震学创始者，也是世界知名的地震学家，提出初期微震时间与震际距离关系的理论，俗称"大森公式"）。他认为今村明恒的文章缺乏可靠的科学依据并会引起社会恐慌，今村明恒从此处境艰难。大森房吉根据自己曾研究的日本大地震分布，于 1922 年对今村明恒的文章评论道："现在东京近邻地区保持地震平静，但距东京平均60千米的周围山区地震频频发生，虽然在城里常常明显感到这些地震，但因为该地区不属于严重破坏的地震带，并不构成危险。"

大森房吉为日本地震学创始者，对日本的地震学很有贡献。

除了大森公式，他还设计了各种形式的地震仪，其中大森式水平摆地震仪最有名。他发现近地震记录中S波（横波）以前的振动持续时间与震源距呈线性关系，这个关系后来成为测定震中位置的最早的根据。大森房吉的研究涉及地震学的各个领域。他还研究了地震时的地面振动、地震破坏、地震区划、地震发生的周期性以及火山等，并参与编辑了日本历史地震目录和地震史料。

他是第一个试图对结构在地震作用下提出完整计算理论的人，是结构抗震的静力理论的创始人。

▲ 大森房吉报平安的专文和他手写的名片

不幸的是，一切都被这位年轻人——今村言中了。18年后，即1923年9月1日正午11时58分，日本关东南部发生了强烈地震。专家们推断，关东大地震的震源在相模湾西北端，震级为7.9级，后来修订为8.3级，这次地震日本称为"关东地震"。当时东京的街道挤满了人，而震后发生的大火让东京成了一片废墟，成为日本人的梦魇。关东大地震夺走了14.3万人的生命，成为了日本有史以来最严重的一次自然灾害。

地震发生时，今村在东京本乡东京帝国大学地震学教室自己的座位上，集中精神认真观察了地震的摇晃状况。此时的大森，由于参加国际会议身在澳大利亚。国际会议结束之后，大森应悉尼 Riverview 天文台台长的邀请访问天文台。在台长的带领下参观地震观测所。当地时间下午 1 点 9 分，大森站在观测室地震仪前时，地震仪指针发生了大幅度振动。"太平洋的什么地方发生大地震了"，大森一边说一边仔细分析地震记录，顿时，他惊呆了，大地震似乎就发生在东京附近！不久，就传来了东京大地震和大火的消息。

大森房吉火速赶回国内，迎接他的正是今村明恒。大森对今村的辛勤劳动表示感谢，同时，也对此次震灾中自己的责任进行了道歉。与会前既已病势沉重的大森将地震科研等身后之事托付给了今村，1 个月后，即 11 月 8 日走完了 55 年的人生之路。在今村明恒倡议下，1925 年，日本创建了东京帝国大学地震研究所。

在今村明恒领导下，日本地震学有了新的发展。日本地震学家提出了日本东海未来会有特大地震发生的可能。根据此预测，日本地震预测研究小组于 1962 年提出初步方案，计划用 10 年的时间集中收集基础资料，包括大地测量、地壳形变观测、地震仪器观测、地震波速度分析、活断层的调查和测量、地磁观测以及地电观测等，来分析地震前的各种前兆活动，并提高地震预测的准确度。

20 世纪 70 年代初期，日本东海地震活动性增强。日本地震学家再次预测，在沿日本西南海岸的海沟将发生一次"东海大地震"。一些日本地震学家指出，在过去的 500 年间重复发生过多次大地震，包括 1498 年、1605 年、1707 年、1854 年和 1944—1946 年地震，平均复发时间约为 120 年。1944—1946 年间发生的几次大地震比 1854 年和 1707 年的地震小。他们认为，1944—1946 年地震的破裂并没有到达南海海槽的东北部、叫作骏河海槽的地方，所以他们推断在板块边界的这一地段，现在称为"东海大地震空区"的地方，不久的将来将有可能发生一次 8.0 级左右的地震。1976 年，日本地震预报联络会认为，日本的东海地区存在发生 8.0 级地震的可能。日本著名地震学家力武常次教授说："日本东海地区是世界上第一个预测有地震，且正在针对此地震而采取对策的地区。"

　　"东海地震说"在日本几乎妇孺皆知。日本政府除了积极应对预期的东海地震外，整个国家所有地方及其政府也积极对地震和其他灾害做准备。东京市和静冈县专用于地震规划的预算，每人每年 100 美元。1997 年，静冈县预防地震的规划已实施了三个五年计划，总投资已达50 亿美元。"东海大地震"的预报也大大促进了地震立法工作。静冈县知事建议建立一个统一的地震预报和防灾体制，并于 1977 年要求全国知事大会成立地震对策特别委员会。该委员会于 1977 年底批准了一项与地震对策有关的特别立法纲要，起草该法的实际工作由国土厅进行。

　　1978 年 6 月，日本政府通过了一个以地震预报为前提的、预防和减轻地震灾害为目的的大型的地震对策法案，称作《大地震对策特别措施法》，从 1978 年 12 月 14 日开始实行。该法共 40 条，制定了很详细的应急反应计划以及发布短期预报的步骤，其中最重要的一点是：当监测前兆的网络观测到异常时，由专家组成的专门委员会（原先称作"东海地震判定会"，现在称作"地震防灾对策强化地区判定委员会"）最晚在 1 小时后就得举行会议，会议在最长 30 分钟内就得做出判定，判定该异常是不是所预测的"东海大地震"的前兆。如果判定是"东海大地震"的前兆，就得整理成"地震预报情况"材料经由气象厅长报告首相。首相收到报告后，要立即在内阁会议上发布"警戒宣言"，政府随即启动全面避难救援措施。

　　自 1978 年后的 20 多年里，几乎未检测到需要启动应急反应计划的异常，一次也没有开过紧急判定会议（不过，判定委员会还是每月召开一次例行的碰头会）。著名的地震预测专家、判定委员会主席茂木清夫对该委员会能否履行其判定东海大地震短临前兆的功能表示怀疑，并于 1997 年辞去该委员会主席职务，黯然下台。然而，继任的新主席满上惠也持有类似观点。

　　1985 年，日本政府地震调查研究推进总部决定研究地震预测新方法，以期能预报短期内将要发生的地震，以应对今后 30 年内发生概率超过 50% 的日本东南海和南海地震。该方法是根据观测数据建立引发地震的板块运动模型和断层运动模型，用数值模拟的方法进行预测模拟。日本有关方面预测，如果这两个大地震同时发生，最严重的情况下可造成近 2 万人死亡。

1995 年阪神大地震之后，日本政府重新审视了国家的防震减灾对策。日本地震调查研究推进总部对《大地震对策特别措施法》作了有针对性的进一步修改，日本气象厅增设了由 6 名大学教授组成的气象厅长智囊团。气象厅通过在以静冈县为中心的东海地区设置的地震计等观测仪器，对这一带的地壳状况实施 24 小时密切监视。一旦发现异常，气象厅长就会召集智囊团成员，分析异常是否会引发东海地震，并依照可能发生的地震危险程度，由气象厅逐级发布相关预警信息。

2001 年，日本改组了中央防灾会议机构并加强了该机构的职能，建立了从中央到地方的防灾减灾信息系统及应急反应系统。一旦国家发生重大灾难事件，日本首相将担任总指挥。

2003 年 5 月 29 日日本政府中央防灾会议出台《东海地震应急对策活动纲要》。该纲要对发布 8 级以上东海地震预报或地震实际发生后，政府、警察、消防、自卫队等有关机构如何行动提出了具体要求。同时规定了发表"注意信息"、发出警报和地震实际发生 3 个阶段的具体任务。特别是地震发生时，有关省厅、自卫队、警察、地方政府和医疗机构等应注意以下几点：传达海啸警报信息；进行救助和消防活动、确保紧急运输道路畅通；协调食物和水的供应；实施灾民生活对策等。

（a）　　　　　　　　　　　（b）

▲ 寺田寅彦（1878—1935）

　　（a）日本的"寺田寅彦"纪念邮票；（b）1935 年寺田寅彦为东京大学地震研究所创建 10 周年所撰写的纪念铭文

东日本海
2011
9.0

关东
1923 **8.1**

阪神
1995
6.9

东南海
1944
8.1

▲ 关东地震后的三次大震灾分布

20世纪初日本著名地球物理学家、东京帝国大学地震研究所创建者之一寺田寅彦有一句名言："天灾总是在人们将其淡忘时来临。"几十年过去了，预测中的日本"东海大地震"迟迟没有发生。使许多人感到悲观，对地震预测，不同的观点一直在辩论，从未止息。

2011年3月11日日本发生9.0级地震，引发了海啸和火灾，造成了13232人死亡、14554人失踪。尤其是地震使福岛核电站爆炸起火，造成核泄漏极大地加重了灾情，令全球震惊。

✳ 国际地震学界：对地震做出确定性预测是不可能的

日本在1965年已开始一项地震预测全国性项目，起初是研究性质的，但是到1978年，日本地震学家们相信在日本中部将很快会有一场8.0级左右的"东海大地震"。日本政府为此采取了一系列紧急措施严阵以待，却忽视了其他地区。令人出乎意料的是，1995年发生了死伤惨重的阪神大地震。

这次地震之后，越来越多的地震学家意识到想要对地震进行预测是不现实的，研究的重点改为研究地震机理和地震灾害的评估，而不是地震预测。1996年11月，"地震预测框架评估"国际会议在伦敦召开。与会者达成一个共识：地震本质上是不可预测的，不仅现在没法预测，将来也没法预测。

他们认为，地球处于自组织的临界状态，任何微小的地震都有可能演变成大地震。这种演变是高度敏感、非线性的，其初始条件不明，很难预测。如果要预测一个大地震，就需要精确地知道大范围（而不仅仅是断层附近）的物理状况的所有细节，而这是不可能的。而如果想通过监控前兆来预测地震，也是不可行的。所谓"地震前兆"极其多样，不同的地震往往有不同的前兆，而且一般都是地震发生后才"发现"有过前兆，缺乏客观的认定，既无定量的物理机制能把前兆与地震联系起来，也无统计上的证据证明这些前兆真的与地震有关，多数甚至所有的"地震前兆"可能都是误释，令人怀疑"地震前兆"是否真的存在。

东京大学、加州大学洛杉矶分校和博洛尼亚大学的地震学家据此在1997年3月美国《科学》联合发表《地震无法被预测》的论文，指出：诱发地震的因素过多，其相互关系过于复杂，因此测量和分析这些因素是徒劳无功的。

1999年2—4月，就地震能否预测这一问题，多位地震学家继续在英国《自然》网站上进行辩论。辩论双方的共识实际上多于分歧。双方都同意：至少就已有的知识而言，要可靠而准确地对地震做出确定性预测是不可能的。进入21世纪以后，这仍然是国际地震学界的主流观点。

地震是地壳板块间相互运动的结果。地壳板块间互相挤压、伸张、剐蹭的同时释放出极大的能量，地壳板块边缘的岩体因此发生撕裂和振动。而这只是基本内容，实际要比这复杂得多。

美国地质勘探局的罗斯·斯坦因，使用桌上的一块砖向我们解释了这个问题，这块砖通过一根橡皮筋与一根鱼竿相连。收短鱼线的过程就相当于板块运动，同地壳一般，橡皮筋有一定弹性，砖块不会随着鱼线收短而即时移动。随着鱼线越收越短，橡皮筋也越收越紧，直到砖块突然向前蹿出，而这就相当于地震。斯坦因表示，在10次这样的实验中，如果记录下使砖块移动所需要的鱼线轮旋转圈数，以及砖块的移动距离，你会发现每次实验结果存在着巨大的差异。他说："即使我们将地球运动简化到如此极端的地步，我们仍无法得出地震发生的规律。"当然，地球是极其复杂的，其每个区域，甚至是同一断层不同部位的质量、弹性和板块间摩擦力的大小均各不相同。所有这些因素均可影响地震发生的地点（斯坦因表示地震发生的中心面积可能小至客厅一般大）、时间、强度及其持续时间。"我们希望能够看到有规律、有周期性的地震现象，但这无疑是天方夜谭。"

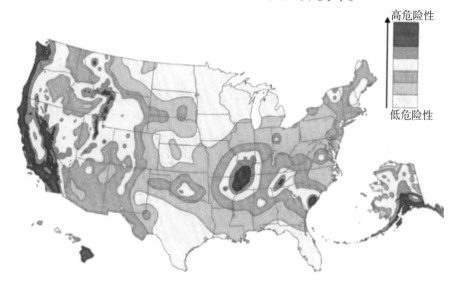

高危险性

低危险性

▲ 2014 年的美国地震危险性分布图（图中显示了未来 50 年潜在地面震动强度）

不过，根据科学数据，能够计算出未来可能发生的地震概率。例如，美国地质调查局估计在未来 30 年内旧金山湾区发生一次大地震的概率是 67%，南加州则是 60%。他们认为"致力于地震灾害的长期减轻，是通过帮助提高建筑的安全性，而不是通过试图实现短期预测"。

✖ 为什么说地震预测预报是世界性难题

在规律认识不清、监测限于地表、只能作经验性判断的情况下，要实现确定性的地震预测预报，是非常困难的。那么，地震预测预报究竟难在哪里呢？难点可能有以下几个方面：

无法对地球内部进行直接观察。地震震源位于地球内部，而地球和天空不同，它是不透明的。人类现在钻探的深井最深也只有十几千米，地震震源要深得多。对于震源的真实情况，以及地震的孕育过程，无法直接观察。对于根据已有知识做的理论推测和模拟实验研究，也只能用地表观测来检验。同时，由于地震在全球分布不均匀，震源主要集中在环太平洋地震带、欧亚地震带和大洋中脊地震带。因此，地震学家只能在地球表面很浅的内部设置稀疏不均匀的观测台站。这样获取的数据很不完整也不充分，难以据此推测地球内部震源的情况。因此，到目前为止，人类对震源的环境和震源本身特点，了解还很少。

当前，对地下震源变化的认知，往往只能通过地表的地震前兆探测来推测，包括地震、地形变、地下水、地磁、地电、重力、地应力、地声、地温等不同的科学观测手段。水质变化、动物迁徙等我国民间流传的地震前兆，还无法确定是确切的地震前兆。实际上，目前不仅没有任何一种震前异常现象在所有的地震前都被观测到，也没有一种震前异常现象一旦出现后必然发生地震。

地震是小概率事件，目前的经验积累还很不足。 全球平均每年发生十七八次 7.0 级以上地震，数量不多，而且大部分在海洋里。我国是大陆地震最多、最强的国家之一，平均每年发生 1 次左右 7.0 级以上地震。而且在过去 100 多年里，我国有 1/3 的 7.0 级以上强震发生在台湾省及其邻近海域。我国大陆的强震又有 85% 发生在西部，其中有相当比例发生在人烟稀少、台站监测能力相对弱的青藏高原。

地震活动类型与前兆特征又往往与地质构造及其运动特征有关。也就是说，具有地区性特点。在一个有限的特定构造单元里，强震复发期往往要几十年或几百年，甚至更长。这样的时间跨度与人类的寿命，与自有现代仪器观测以来经过的时间相比，要长得多。

作为一门科学的研究，必须要有足够的统计样本，而在人们有生之年获取这些有意义的大地震样本是非常困难的。迄今为止，对大地震前兆现象的研究，还处在对各个具体震例进行总结研究的阶段，还缺乏建立地震发生理论所必需的经验规律。

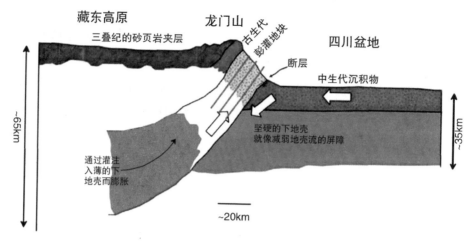

▲ 龙门山地区构造演化示意图

地震发生的物理过程非常复杂。地震是在极其复杂的环境中孕育和发生的。地震前兆的复杂性和多变性，与震源区地质环境的复杂性和孕育过程的复杂性密切相关。从技术层面上来讲，地震物理过程在从宏观至微观的所有层面上都很复杂。大家都知道，地震是由断层破裂而引起的。仅就断层破裂而言，其宏观上的复杂性就表现为：同一断层上两次地震破裂的时间间隔长短不一，导致了地震发生的非周期性；不同时间段发生的地震在断层面上的分布也很不相同。其微观上的复杂性则表现为：地震的孕育包括"成核"、演化、突然快速破裂和骤然演变成大地震的过程。以上地震物理过程的复杂性及彼此之间关联的研究深化，将有助于人类对地震现象认识的深化。

⚛ 我国地震监测预报工作发展的四个阶段

地震预报是通过对大量地震观测资料的分析研究后，对未来可能发生的破坏性地震做出的预报意见。

地震预报应指出地震发生的时间、地点、震级，这就是地震预报的三要素。完整的地震预报三个要素缺一不可。

地震预报按时间尺度可作如下划分：

长期预报——是指对未来10年内可能发生破坏性地震的地域预报。

中期预报——是指对未来 1～2 年内可能发生破坏性地震的地域和强度的预报。

短期预报——是指对 3 个月内将要发生地震的时间、地点、震级的预报。

临震预报——是指对 10 日内将要发生地震的时间、地点、震级的预报。

我国是世界上大陆地震最为频繁、地震灾害最为严重的国家之一，也是对地震现象记录和研究最早的国家。自约四千年前，就开始有了对地震现象（受灾地点、范围、破坏情况、地震前兆现象、对地震成因和地震预报的探索）的记载，并发明和制造了世界上第一台观测地震的仪器——张衡地动仪等，对地震的观察、记载和研究堪称世界领先。

回顾我国地震监测预报工作的发展历程，从时间上可大体划分为 4 个阶段：

萌芽阶段（1900—1948 年）。 这一阶段随着国外地震观测技术的发展及其对中国产生影响的日益增加，一些接受过西方教育的专家开展了地震观测、地震考察等工作。

1930 年，我国地震学家李善邦先生在北京鹫峰创建了中国第一个地震台。鹫峰地震台是当时世界上一流的地震台，共记录了 2472 次地震，并参与了国际资料交流。

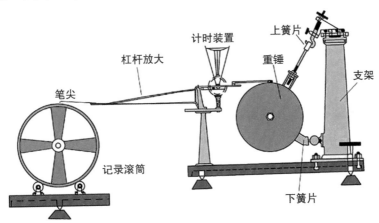

▲ 李善邦先生研制的鹫峰地震仪

同时，人们观测到一些地震前的异常现象，开始研究地震发生的时间规律以及水位、倾斜、潮汐和气压变化触发地震问题、地震与纬度变迁的关系、地震与地磁的关系、地震与天文现象的关系、震前动物异常等。并撰写论文阐述地震的成因、地震的强度和感震区域、前震和余震、地震的预知和预防等问题。

初期阶段（1949—1966年）。这一时期的工作，主要是为地震监测预报的进一步开展奠定初步的基础。

我国首先于1953年成立了"中国科学院地震工作委员会"；收集、整编中国地震历史资料，出版了两卷《中国地震资料年表》、两集《中国地震目录》；结合中国的具体情况，制定了《地震烈度表》和《历史地震震级表》，并编制了《大地震等震线图》。其次，是在1957—1958年，建立了国家地震基本台网，开展了地震速报业务，并开始了区域地震活动性的研究。首次对新丰江水库进行了地震预报预防研究与实践的试验，取得了在特定条件下的成功，使人们增强了预防意识、看到了地震预报的曙光。第三，是在1958年9月，中国科学院地震预报考察队赴西北地震现场，对地震前兆现象进行了调查，总结的前兆现象不仅在当时，而且对以后地震预报工作也有重要科学价值。成为探索短期预报的第一次重要的科学实践。1963年，地球物理学家傅承义撰写了《有关地震预告的几个问题》，指出：地震预报的最直接标志就是前兆，寻找前兆一直是研究地震预报的一条重要途径。他同时指出："地震预告是一个极复杂的科学问题"。

发展阶段（1966—1976年）。1966年的邢台地震标志着我国进入了第4个地震活跃期。在这个活跃期，中国大陆发生了河北邢台7.2级、渤海7.4级、四川炉霍7.6级、云南大关7.1级、辽宁海城7.3级、云南龙陵7.4级、河北唐山7.8级等多次7.0级以上地震，给我国带来了深重的地震灾害。而且，由于社会、政府和人民的需要，极大地推动了我国地震监测预报工作的发展。

1966年3月的河北邢台地震产生的巨大灾难，引起了国家的高度重视。国家号召科学工作者积极利用邢台地震现场，积极开展预报实验，边实践、边预报。通过大家的努力，不仅在现场首次预报了 3 月 26 日的 6 级强余震，而且在长期的地震预报实践中逐渐建立了地震预报的组织形式与发布程序，为后来的地震预报体制的建立提供了经验。之后，初步形成长、中、短、临渐进式预报思路。

1975 年 2 月 5 日辽宁海城 7.3 级地震在一定程度上的成功预报实践，不仅大大激励了中国地震学家的研究热情，也给世界地震学界带来了极大鼓舞。同时，推动了全国范围的地震群测群防活动的广泛开展。使得地震预报事业得到了空前的发展，奠定了地震监测手段和预报方法的研究基础，进一步推进了对地震孕育和发生规律的科学研究。

全面开展阶段（1977 年至今）。 我国大陆 1976 年以后出现了 10 多年的强震活动较弱的时期。这一方面给人们提供了一个"总结—研究—提高"的机遇。另一方面，随着科技水平的提高、先进技术和理念的应用，使地震监测预报工作全面开展、深入研究有了坚实的基础；提出了综合预报的思想，建立了系统化、规范化的地震预报理论和方法。

1983—1986 年，开展了地震前兆与预报方法的清理攻关工作，对测震、大地形变测量、地倾斜、重力、水位、水化、地磁、地电、地应力方法预报地震的理论基础与观测技术、方法效能，做出了评价；对各种常用的分析预报方法的预报效能，做出初步分析，为地震综合预报提供必要的依据；提出了一些新的预测方法，以及利用计算机分析识别地震前兆的设想，为我国前兆观测和地震预测研究打下了良好的基础。

1987—1989 年，开展了地震预报的实用化攻关研究。通过对 60 多个震例资料的系统分析和对比研究，形成了各学科的、综合的、有一定实用价值的地震分析预报方法。同时，也将专家们的地震预报经验进行了高度概括和总结，并建立了三个地震预报的专家系统。系统科学（如信息论、系统论、协同论、耗散结构论、非线性理论等），也开始应用于地震预报。这些使中国地震预报水平跃入国际先进行列，乃至国际领先水平，在世界地震预报领域令人瞩目。

20 世纪 90 年代以来，随着高新技术在地球科学中的应用，特别是空间对地观测技术和数字地震观测技术的发展，给地震预测预报研究带来了历史性的发展机遇。地震学家们以新一代的数字观测技术为依托，开展了大陆强震研究，逐步实施了以地球科学为主的大型研究计划，为地震预报研究提供了大量的资料。同时，不仅从预测理论、模型、异常指标、预测方法以及物理机制等多个方面进行研究，而且紧随计算机和网络技术的发展和普及，研制出一批地震预测的工具软件，对台站进行了数字化改造，建立了地震监测与速报台网、中国地震台网中心等，使地震监测预测工作迅速进入了数字化、自动化和网络化的高新技术应用时代。

✳ 中国地震预报的水平和现状

地震预报研究，在世界和我国大约都是从二十世纪五六十年代才开始的。我国自 1966 年邢台地震以来，广泛开展了地震预报的研究。经过 50 多年的努力，取得了一定进展。

很多学者认为，我国曾经不同程度地预报过一些破坏性地震。如比较成功预报了 1975 年 2 月 4 日发生在辽宁海城的 7.3 级强烈地震，并在震前果断地采取了预防措施，使这次地震的伤亡和损失大大减小。

目前，有关方法所观测到的各种可能与地震有关的现象，都呈现出极大的复杂性；科研人员所做出的预报，特别是短临预报，主要是经验性的。

我国地震预报的水平和现状可以概括为：对地震前兆现象有所了解，但远远没有达到规律性的认识；在一定条件下能够对某些类型的地震，做出一定程度的预报；对中长期预报有一定的认识，但短临预报成功率还很低。

我国是开展地震预报较早的国家，也是实践地震预报最多的国家。我国的地震预报水平世界领先，特别是在较大时间跨度的中期和长期地震预报上已有一定的可信度。就世界范围来说，地震预报仍处于经验性的探索阶段，总体水平不高，特别是短期和临震预测的水平与社会需求相距甚远。地震预测预报仍然是世界性的科学难题，可能还需要几代地震工作者的持续努力。

我们说地震预报是世界难题，并不是要人们"知难而退"，为放弃开展地震预报研究寻找借口；而是要人们明确问题和困难所在，找准突破点，以便有的放矢地加强观测、加强研究，努力克服困难，知难而进，积极进取，探寻地震预报新的途径。

✳ 进行地震预报研究的基本方法

地震是一种自然现象，是有规律可循的，掌握规律就能够预报。但是目前对地震发生的具体过程和影响这个过程的种种因素还了解得不够清楚，这就对地震预报造成了很大的困难。

目前研究地震预报的方法，主要有三个方向：地震地质方法、地震统计方法和地震前兆方法。这三种方法并不是彼此独立不相关的，而是互有联系的，并且如果能够将三种方法配合使用，效果会更好。

地震地质方法。应力积累是大地构造活动的结果，所以地震的发生必然和一定的地质环境有联系。预报地震包括预报它发生的时间、地点和强度。地质方法是宏观地估计地点和强度的一个途径，可用以大面积地划分未来发生地震的危险地带。由于地质的时间尺度太大，所以，关于时间的预报，地质方法必须和其他方法配合使用。

地震是地下构造活动的反应，显然应当发生在地质上比较活动的地区，尤其是在有最新构造运动的地区。一般认为，大地震常发生在现代构造差异运动最强烈的地区或活动的大断裂附近；受构造活动影响的体积和岩层的强度越大，则可能产生的地震也越大；构造运动的速度越大，岩石的强度越弱，则积累最大限度的能量所需的时间越短，于是发生地震的频度也越高。

地震统计方法。地震成因于岩层的错动，但地球物质是不均匀的。

在积累着的构造应力作用下，岩石在何时、何处发生断裂，决定于局部的弱点，而这些弱点的分布常常是不清楚的。另外，地震还可能受一些未知因素的影响。由于这些原因，当所知道的因素还太少的时候，预报地震有时就归结为计算地震发生的概率的问题。

这种方法需要对大量地震资料作统计，研究的区域往往过大，所以判定地震的地点有困难，而且外推常常不准确。统计方法的可靠程度取决于资料的多少，因而在资料太少的时候，它的意义并不大。在我国有些地区，地震资料是很丰富的，所以在我国的地震预报工作中，这个方法也很重要。

地震前兆方法。地震不是孤立发生的，它只是整个构造活动过程中的一个时间。在这个时间之前，还会发生其他的事件。如果能够确认地震前所发生的任何事件，就可以利用它作为前兆来预报地震。

地质方法的着眼点是地震发生的地质条件和在比较大的空间、时间尺度内的地震活动的变化。统计方法所能指出的只是地震发生的概率和地震活动的某种"平均"状态。若要明确地预测地震发生的时间、地点和强度，还是要靠地震的前兆。其实，所有的地震预报方法，最后总是要归结为求得地震发生的某种前兆。只有利用前兆，才能对地震发生的时间、地点和强度给出比较肯定的预报。所以，寻找地震前兆是地震预报的核心问题。

在适当的地质和统计背景下去寻找前兆，是一个最易见效的方法。地震是必然会有前兆的，问题是如何识别和观测它们。有些前兆现象可能有多种成因，不一定来源于地震；有些前兆常为别种现象所干扰，必须将此种干扰排除后，才能显示出来；有些前兆只是一种近距离的影响，必须在震中附近才能观测到，而震中的位置是无法预知的。这些问题在实践中经常遇到，需要加以研究解决。

地震前期，地壳受应力的作用，随着时间的推移，岩石的应变在不断的积累，当积累到达临界值时，就会发生地震；在应变积累的时候，地球内部不断地在发生变化。地壳内部的变化表现为多种形式：岩石的体积膨胀、地震波速度变化等等。地壳内部的变化影响着小震活动、电磁现象等，在某些情况下，还影响着地壳中的含水量和氡、氦气体的迁移。这些变化和现象，就是地震的前兆。我们只要将这些变化或者现象识别并且辨认出来，就能够对地震的预报做出一些解释。

以上三种方法都有其局限性，都不能独立地解决地震预测问题。三者必须相互结合、相互补充，才能取得较好的预测效果，即必须采取综合预测方法。

⚛ 地震预报采用的地震前兆

古希腊人较早注意到了地震发生的前兆。据称，公元前 373 年古希腊赫利刻城大地震的前几天，老鼠、黄鼠狼、蛇和蚯蚓离开窝巢逃走。此后古今中外都有类似的传说，动物行为异常成了最为人熟知的地震前兆。

地震前兆是指地震前出现并预示地震将要发生的现象。对地震前兆的含义目前有不同的理解。我们赞同这样一种观点：地震孕育、发生是一个复杂过程，影响因素很多，伴随这一过程有许多异常现象，这些与地震孕育、发生相关联的有别于正常变化背景的异常变化就是地震前兆。

▲ 我国一直在努力提高地震监测能力

迄今已观测到的震前异常现象并在实际预报中试验的前兆方法至少有数十种，并且新方法仍在增加。大致可分为如下几类：

地壳形变（包括重力、GPS 等）异常。 主要包括变形方式和力学状态异常，监测手段包括水准、基线、GPS、重力、应力和应变等观测。地震是地壳形变发展到一定阶段的结果，地壳运动所产生的，无论是水平位移还是垂直位移，都可能与地震有关，但震前各阶段的形变表现并不一样，最显著的现象是形变速度的增加和方向的改变。

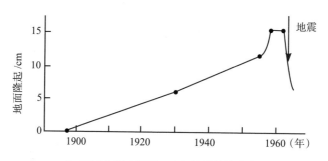

▲ 1964 年日本新潟 7.5 级地震前的地壳形变

地震活动和地震波参数异常。 地震活动异常主要包括地震活动在时间、空间和强度方面显示的异常，其依据观测台网记录的地震，常见异常有地震空区、背景性地震活动增强或减弱、前震活动、b 值等；地震波参数异常主要是显示震源和介质物性的异常变化，是通过地震记录提取的震源和介质参数变化，常见有震源机制一致性、介质波速和尾波 Q 值异常等。

电磁和卫星遥感异常。 电磁异常包括两类：一类是电磁属性的异常，如电阻率等；另一类是场量异常，如地电场、地磁场以及与地震有关的电磁扰动场的异常等。卫星遥感异常是基于卫星观测资料得到的异常，如热红外异常等。

长期观测研究表明，在地震发生前会出现许多电磁异常现象。国内外学者对地震前电磁异常现象与地震的关系进行了许多观测、实验和研究，积累了十分宝贵的经验和资料，为人们认识地震前电磁异常的现象提供了越来越丰富的震例。

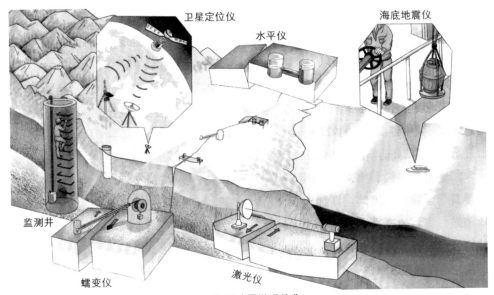

▲ 监测地震微观前兆

地下水位和化学成分异常。由于地下水对地壳应力场变化比较敏感，所以地震前后地下水出现的异常情况很多，包括地下水位、泉水流量、水温和地下水化学成分异常。此外，由于地下水变化，可以引起一些宏观现象，如井、泉、河水面上涨和下降，甚至干枯；水发浑、冒泡、变味等；可能引起植物反常变化或树木干枯等。

地声、地光异常。地声包括人耳听到的和仪器记录到的，主要是由于岩石的结构、构造及其所含的地下流体、气体运动变化造成声音；地光主要是指地面或低空由于地壳运动造成的自然发光现象。

动物行为异常。动物异常的原因很多，地声、地下水、气压、地温、电场、磁场、空气电离子等变化都是可能的原因。由于上述这些异常与地震间关系不是一一对应的，所以并非必然是地震前兆，而只是可能的地震前兆，需要通过大量地震前观测的对比来判断。

✳ 如何评估地震前兆是否靠谱

美国《科学》杂志在创刊 125 周年之际，公布了 125 个最具挑战性的科学问题，发表在 2005 年 7 月 1 日出版的专辑上，其中第 55 个问题是"是否存在有助于预报的地震前兆？"该问题指出：20世纪70年代以来，人类一直期望能发现临震的前兆，虽然对断层的研究取得了进展，但日常地震预报并没有取得实质性突破。

经过几十年地震预报探索实践，国内外已发现了很多地震前兆现象，尤其是震后对震前各种观测资料的分析，但是这些前兆现象能否在以后的地震预测中应用却是另一个问题。利用观测到的前兆异常进行地震预报研究和实践经历了高潮到低潮的过程，这是一个充满争议、失败，仅有少量成功的过程，而且社会需求强烈，从事地震预报的人员精神压力很大。

为在全球推动地震预报、地震前兆以及地震孕育过程等研究的深入，在"国际减灾十年"活动（1990—1999）中，国际地震学和地球内部物理学联合会（IASPEI）发起征集、推荐和评选优秀地震前兆震例的活动。该活动分别在1991年和1997年进行了两轮征集，共对40项提名的前兆现象评审。这项活动给出的优秀地震前兆标准如下：

确切的判据。提出的前兆必须满足下述判据：观测到的异常必须和应力、应变或导致地震的机制有关。异常必须在多于一个仪器或一个地点上观测到。观测到的异常幅度必须与主震距离有关。假如在靠近主震处没有异常，而异常在远处观测到，则必须提出灵敏点观测的独立证据；假如在一个对前兆特别灵敏的地点观测到异常，那么它必须充分地观测到潮汐或其他形变。

为估计研究方法的有效性，需要讨论危险区（异常区）与整个监视区，在时空尺度的比例关系。

资料。为支持候选前兆所提供的资料，必须包括：所有有关观测点的严格位置；观测到异常的时间以及与前兆有关的主震位置、时间、震级和机制；仪器安装和运行条件的细节；观测点上有关的环境条件记录（温度、大气压力和降水等）、仪器标定和测量到的构造信号必须有说服力。

异常检测。要精确指出异常的定义，建台后的正常值，正常值和异常的差别要定量表达；要讨论信噪比。对负证据（例如，在近地震震中处反而没有观测到异常）要加以讨论。

异常与其后主震的关系。要严格指出一个假设异常和假设地震相联系的原因或判据。异常的定义和相关判据应从观测资料组中获得。否则，也可用物理理论去定义异常及相关的判据。要讨论虚报（类似的异常没地震发生）和漏报（类似大小的地震前没有异常）的次数。要比较前兆异常与同震异常的大小及原因；要给出靠近观测点发生的重要地震的完整目录，以便评估与其他地震关系。

经过两轮评估，IASPEI 下属地震预报分会给出了五项接受的前兆异常，其中前三项是地震活动图像：前震（震前数小时至数月）、前兆地震（震前数月至数年）和强余震前的地震平静；第四项是地下水性质：地下水的氢含量增高和温度降低；第五项是地壳形变，地下水位上升（由水位标识的地壳形变）。

一些主震前在震中区会发生前震或前震序列（如 1975 年辽宁海城7.3 级地震的前震序列），震中区附近会出现前兆地震（或称为前兆震群），地下水也会出现一些变化，这些前兆现象在震后的震例总结时是比较明确的，也可以通过上述标准进行验证。但如果未来再出现类似异常现象，仍很难进行地震预报。此外，不是每次地震前都出现类似前兆现象，以前震序列为例，在主震前出现的百分比为 10% 左右，即大部分主震前无前震序列。在很多震例中，主震前都能观测到地下水异常的情况，但即使是对同一个地震的观测，一些观测点的地下水出现异常，而与其相邻的其他同样观测点却没有发现异常。因此，地震预报分会报告指出：不能保证已接受的前兆能被用于地震预报；同样，一些没被接受的前兆在地震预测中不一定不能应用。目前，对地震前兆及其在预报中的应用尚在探索之中。

总之，国际地震学和地球内部物理学联合会认为：目前还没有有效的前兆能用于地震预报。

✿ 我国数字化地震台网的建设和发展

我国数字地震观测技术的开发最早开始于 20 世纪 70 年代后期，几十年来取得了很大进展。

为了加快我国数字台网的建设，利用改革开放的有利时机，1983 年中美双方达成原则协议，由美方提供设备和技术，共同建设"中国数字化地震台网"（CDSN）。经过双方努力，1987 年通过技术评审和验收后正式投入运行。数字化地震台网的建设与运行，为快速准确判定地震事件、测定地震三要素，提供了强有力的保障，为社会的安定与发展做出了应有的贡献。

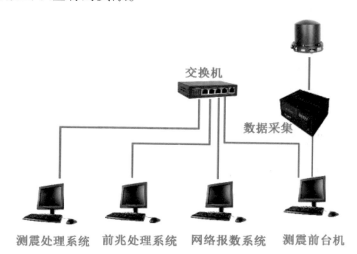

▲ 数字化地震台站观测网络

"九五"期间，中国地震局主持实施了"中国数字地震观测系统建设"，我国的地震观测系统发生了根本性的变革，建立起了由 47 个国家基本数字地震台和全国台网中心组成的国家数字地震台网，近 30 个区域遥测地震台网中的 2/3 实施了数字化改造，新建的西安、福建和广州数字遥测地震台网先后于 1997—1999 年投入运行。随后，具有国际先进水平的首都圈数字地震遥测台网也将投入运行。

"十五"期间，我国又提出了更加宏伟的台网建设蓝图，实施国家数字地震台网建设、区域数字地震台网建设、流动数字地震台网建设。新（扩）建国家数字地震台站 108 个，将"九五"期间建设的 30 个区域数字台的数据采集精度由16位数采提高到24位，同时加强台网中心在线大容量数据接收、处理和存储能力。

"十一五"期间，在前期工作的基础上，进一步完善了地震观测系统和软件，并将数字地震观测技术输出到部分国家。中国大陆内部不再有网缘地震观测精度问题、边缘地区台站信号实时传输问题，地震观测数据实现实时共享。技术进步和台站密度使自动地震速报问题提上了日程。

随着数字地震观测技术的发展，数字地震学也迅速发展，震源机制的矩张量反演、地震破裂过程、介质各向异性、深部界面研究，地下结构反演、三维走时表、地震噪声成像、波速比等数字地震学成果层出不穷，并应用到地震预测、地震应急等工作一线，直接服务于科学和社会。

国家数字地震台网是中国数字地震观测系统中极其重要的组成部分，是覆盖全国范围的大跨度、高质量数字化地震台网。国家数字地震台网采用国际先进技术设备和技术手段，在全国范围内最接近真实地记录地震引起的整个地面运动过程，为地震预报、地震学研究以及减少地震灾害提供充分和完善的基础数据服务。

目前，我国地震监测台网具有监测2.5级以上地震能力的面积超过了国土面积的1/2；1/4左右的面积具有监测3.0级以上地震的能力；另有近1/4的面积（青藏高原大部分地区）具有监测4.0级以上地震的能力。全国的总体的监控能力可达4.0级地震，东部重要省会城市及其附近具有监测2.0级左右地震的能力，首都圈地区具有监测1.0级左右地震的能力。

⊗ 震级的大小与地震所释放的能量相对应

地震的大小是用震级来描述的。地震震级的大小与地震所释放的能量相对应，震级越大，能量也越强，影响的范围和造成的破坏也就越严重。

最早提出震级概念的是地震学家查尔斯·里克特。他在 1935 年提出了一个公式，用一种专门的短周期地震仪记录的地震波形计算地震大小：$M=\lg A-\lg A_0$

▲古登堡（1889—1960）

其中，A 是被测地震的最大振幅，A_0 是"标准地震"的振幅（使用标准地震振幅是为了修正测震仪距实际震中的距离造成的偏差）。

这公式只适用于 600 千米范围内的地震记录，所以用这一公式计算的震级称为近震震级或地方性震级。里克特把地震大小分为 1.0 级至 10.0 级，震级与地震释放的能量相对应，震级相差 1 级，能量相差大约 31.6 倍。也就是说，一个 7.0 级地震释放的能量相当于 31.6 个 6.0 级地震的能量总和，或者是相当于约 1000 个 5.0 级地震的能量总和。

由于地方性震级的局限性，里克特与地震学家古登堡又提出了使用面波和体波计算震级的方法。无论是最初的震级计算方法，还是之后改进的面波或体波震级计算方法，都存在着饱和效应，也就是说，当地震能量大到一定程度时，能量继续增大，而震级却不再增大了。为此，21 世纪初，地震学家普遍认为应该采用矩震级来表示特大地震的震级，矩震级没有饱和效应，而且还能直接反应地震的物理过程实质，如地层错动的大小和地震的能量等。

如何利用仪器的记录进行震源定位

地震定位是地震学中最经典、最基本的问题之一。提高定位精度，也一直是地震学研究的重要内容之一。对于震中位置的概念，就宏观与微观来说，是有所不同的。

最早人们认为地震振动或破坏最强烈的地方是地震中心，圈一个区，就称为极震区或震中区。有时包括的范围很大，实际上，不知道中心具体在什么地方。

现在，地震学家认为，微观震中和宏观震中是有区别的。

地震在震源处发生，当地岩石遭受到破坏，其范围常常很大，究竟哪一点是破裂的起始点，人们还是无从知道。由于岩石破裂，激起了地震波向外传播，根据周围地震台的观测结果，可以证明最剧烈的波动是从地震断层间一点辐射出的，并可按理论推导，找出辐射的发源点，显然这就是震源。由震源直上到地面，就是震中。理论上说，它是一个点，它的地理位置可用经纬度确定，这就是仪器测定的震中或微观震中。

对于微观震中的测定，也就是利用仪器记录进行震源定位，始于欧洲和日本，最初使用方位角法，随后是几何作图法和地球投影法。20世纪60年代后，计算机开始应用在了地震定位中，目前作图定位法已被计算机定位法代替。

根据多年的观测数据，可把从已知地震的震中至已知地震台的距离（震中距）和各震相从震源传播到各地震台所需的时间（该震相的走时）编列成走时表，或绘成一组走时曲线。当一个新地震发生时，就可利用某两种波的走时差，来求得震中位置。如P波的传播速度比S波快，因此P波同S波的到时差越大，震中距就越大，即地震越远。量得了这个到时差S－P，就可以从走时表或走时曲线上查出震中距。

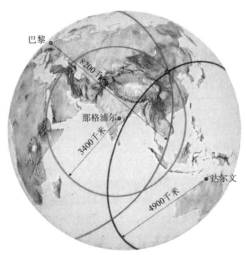

▲ 地震定位原理（示意图）

由三个台（[法]巴黎台、[印]那格浦尔台、[澳]达尔文台）的震中距可以确定地震发生的位置

把记录到的 P 波的 3 个分量的振幅（P 波最先到达，且最清楚）除以仪器的放大倍数，折算为地动位移的大小；将 3 个分量合成地动矢量，即可判明地震波传来的方向。有了距离和方向，即可定出震中位置。仅用一个台的数据所定的震中位置很不准确；如果用许多台的数据，精度就可以提高。

✷ 为什么会感觉本世纪地震明显增多了

通过收集网上的相关信息发现，网民最关注的主要问题之一是：最近这些年是不是地震多了？要回答好这个问题，仅仅依靠直观感受是不够的，而是应该通过历史数据分析和地震活动规律，才能得出科学的结论。

从 1900 年以来全球 8.0 级以上大地震的震级随时间的变化关系图中可以看出，进入 21 世纪以来，全国 8.0 级，尤其是 8.5 级以上的大地震，较 20 世纪后半叶明显活跃。

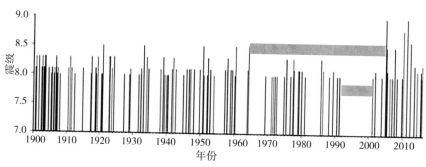

1900年以来全球 $M_S \geq 8.0$ 地震 $M-t$ 图

上图的横轴是时间，纵轴是震级。观察较长的黄色条带可以发现，从 20 世纪 60 年代以后，全球没有 8.5 级以上的巨大地震。全球地震活动以 2004 年 12 月 26 日苏门答腊 8.7 级地震为标志，进入了 8.0 级地震活动的高发期。到 2015 年为止，共发生 8.0 级以上地震 15 次，9.0 级以上地震 2 次。国内外科学家都倾向于认为，21 世纪以来的强震活动，基本上是和 20 世纪前半叶类似的；相比后半叶，要明显多了很多，因为大地震多了，它的影响就大。

也就是说，近年来，大地震是明显增多了，造成的灾害也明显增加。

对于包括地震灾害在内的所有自然灾害来说，都有这样的规律：灾害越大，发生的频度越低，重复的周期越长；灾害越小，发生的频度越高，重复的周期越短。根据地震学上的一个统计规律，就是古登堡—里克特关系式，大的地震多了，整个地震次数会跟着增加。

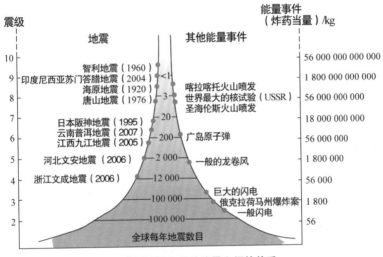

▲ 地震能量和其他能量之间的关系

上表是美国地质勘探局国家地震信息中心公布的数据，20世纪到2015年的前17名的特大地震排名。进入21世纪后，2004年以来占了6个。所以，21世纪大的地震明显是多了。所以，大家感觉最近地震多了是正常的。

这个趋势并不意味着很可怕。因为从一个百年尺度来说，虽然地震目前相对较多，但是从统计的角度来讲，地震是有起伏的。可以看到，这个时间的跨度是1900年到2015年，共115年。可是人类已存在了上百万年，地球已存在了几十亿年。所以，这一百年的变化并不能说明什么。

有学者认为，全球正处于地震活跃期，近年来的地震较多属正常情况，并未超出历史常规。从历史来看，近年来发生的地震并不特殊。

1950 年到 1964 年全球地震活动比最近 10 年还要强烈。从全球角度讲，未来一段时间全球强震活跃态势还可能在数十年时间尺度上延续。甚至"未来五年或更长的时间内，全球仍是地震活动高潮时期"。

另一方面，这些年来，我们的监测能力有了比较大幅度的提高，我们台网布得越来越多了，我们的传输越来越快了。因为我们能监控到的地方多了，我们能监测到的地震数量就多了。而且信息传播也比较快，朋友圈一扩散，人们就明显地感觉到数量增多。

四 了解防御地震灾害的工程性措施

⚛ 如何做好地震灾害研究的基础工作

地震是人类共同面对的敌人。人类无法控制地震的发生，但通过可以有效措施，把地震灾害损失降到最低。为了做好防震减灾工作，必须要做好地震灾害研究的基础工作。这些工作主要包括：

地震调查。直接对地震区域各种地震现象进行调查、分析、研究和评估。这是了解掌握地震发生全过程必不可少的重要环节，特别是对震中及极震区的调查。调查是综合性的，目的包括判断地震的性质、成因，防震、抗震以及地震预测等。

地震区划。按一定标准，划出各个地震活动带的活动情况和危险程度。地震区划方法各异，通常以地震的地理分布、次数和强度为依据，即以统计的方法划分地震带；还可以用地震地质的方法，结合统计结果，进行地震的地区划分；也有根据地震能量和频度分布情况来划分的。地震区划作为建筑工程抗震设防的依据或要求，是国民经济和土地利用规划不可缺少的基础资料。

地震预防。专门研究地震对建筑物及其结构的影响和破坏规律。为了寻求最科学、最合理的抗震设计，在地震发生时不至于受到严重破坏，需要研究地震作用条件下的结构动力学及结构材料力学问题，同时研究场地地质、土壤条件，对建筑场地进行安全性评价。

地震预测。地震学研究的一个极为重要的目标，就是尽可能准确地预测地震。为地震预报提供依据的方法和手段很多，有的是寻找与地震内在因素有关的现象和数据，如大地形变、地应力、能量积累、断层移动、大地构造因素等；有的是寻找与地震发生的外部因素有关的现象和数据，如气象条件、天文情况等；有的则是依据地震前的许多前兆现象来预报。

地震物理过程。地震的发生过程基本上是一种物理过程，可以作为一种物理现象来研究，有以下几个方面：一是地震波理论——研究地震波的传播途径和规律以及能量的传播过程；二是地震机制——研究地震的成因、震源附近地区应力和应变情况以及地震发生的力学过程；三是地震过程的固体物理学——由地震发生过程中得到的全球性的各种数据，推断地球内部物质的物理性质，如温度、压力、密度、刚性、弹性模量、电磁性质等随深度的变化规律，以及在特殊条件下，地球深处高温高压环境中，固体介质的各种特性和变化规律；四是地震信息——地球的地壳、大洋、地壳内的地幔、地核都能传递地震信息，研究地震信息在地球本身传递的规律，有助于了解地球内部及地壳的构造。

地震控制。 用各种方法，改变地震发生的地点，改变发震的时间，改变地震释放能量的过程，化大为小，化整为零，减少地震的破坏和损失。这是地震学研究的一个相当遥远的目标。

⊗ 地震往往是由断层活动引起，又可能造成新的断层

地壳岩层因受力达到一定强度而发生破裂，并沿破裂面有明显相对移动的构造称为断层。一般认为，地震往往是由断层活动引起，地震又可能造成新的断层发生。

岩石发生相对位移的破裂面称为断层面。根据断层面两盘运动方式的不同，大致可分为：正断层（上盘相对下滑）、逆断层（上盘相对上冲）和走滑断层（又称平移断层，两盘沿断层走向相对水平错动）三种类型。

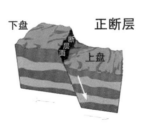
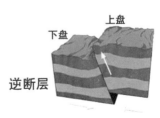

▲ 断层的三种类型

与地震发生关系最为密切的，是在现代构造环境下曾有活动的那些断层，即第四纪以来、尤其是距今 10 万年来有过活动，今后仍可能活动的断层。这种断层通常被称为"活断层"。

发生在陆地上的断层错动，是造成灾害性地震最主要的原因。

活断层，又称活动断裂，是新构造动和活动构造作用中的主要构造表现形式。新构造运动既是塑造现今地貌的主要地质过程，也是形成人类生存空间的自然演化过程，包括形成强烈隆升的山地和持续断陷的盆地或谷地。正在进行中的新构造变形就是活动构造，而活动构造作用可为人类社会带来多种地质灾害。其中最突出的就是活断层地质灾害，包括断层突然错动引发的地表破裂、地震及伴随的崩塌、滑坡、落石、雪崩、堰塞湖、泥石流、砂土液化、地陷、地裂缝和地下水变化等，以及断层缓慢运动造成的地表错动及地面沉降等。其中影响最大的是地震活动。

▲ 1992 年 6 月 28 日美国加州兰德斯 7.5 级地震引起的地表破裂

⚛ 哪些证据说明强震与断层活动的关系密切

断层是在地球表面沿一个破裂面或破裂带两侧发生相对位错的现象。它是由于在构造应力作用下积累的大量应变能在达到一定程度时导致岩层突然破裂位移而形成的。破裂时释放出很大能量，其中一部分以地震波形式传播出去，造成地震。有的断层切割很深，甚至切过莫霍面。越来越多的地震实例让人们相信，强震与断层活动的关系非常密切。一方面，大地震总会在地表造成破裂，形成新的断层；另一方面，这些强震往往发生在早已存在的活动断裂带上。

我国多年来的地震地质研究表明，绝大多数浅震都和活动的大断裂带有关，至少表现在以下几方面：

强震带和地壳大断裂带位置相符。研究表明，绝大多数强震震中都坐落于大断裂带上或其附近，绝大多数强地震带都有相应的地表大断裂带。

据统计，我国大陆大于或等于 7.0 级的 90 多个历史强震，其中有 80% 以上地震震中位于规模较大的断裂带上；我国西南地区Ⅷ度及Ⅷ度以上强震，绝大多数发生在断裂带上。这一事实，有力地证明了地震的分布和存在的断裂有着密切的成因联系。如 1668 年山东莒县—郯城发生的 8.5 级地震及历史上 5 次大于 7.0 级的强震，都是发生在郯城—庐江断裂带上。又如 1725—1983 年发生在四川甘孜、康定一带的大于或等于 6.0 级的地震达 22 次，大于或等于 7.0 级的地震就有 9 次，都是沿着现今仍在强烈活动的鲜水河断裂带分布。强震带和地壳大断裂带位置相符，很直观地给出地震是断裂活动结果的印象。

地震破裂带的性质往往与主要活动断裂一致。研究发现，强破坏性地震所产生的地震破裂带的位置、产状和位移性质，往往与当地主要活动断裂一致。

大地震发生时常沿着控制该地震的断层在地表形成破裂带。这种伴随地震而出露于地表的断层也叫地震断层。如华北地区北北东向的 1976 年唐山地震的地震断层和 1966 年邢台地震的地震形变带的性质和位移方向（右旋走滑量为 0.80 米，垂直形变量为 0.44 米），与该区北北东向活动断裂为右旋走滑正断层完全一致；而北西西向的海城地震断层却具有左旋走滑特征，与该区北西向活动断层性质也一致。在我国，一般大于 6.5 级或 7.0 级以上的地震，都有明显的地表断层出现。

地震产生的地表破裂，反映了震源深部物质运动的方式。它与当地主要断裂构造一致，说明地震是原断裂重新活动和继续发展（侧向或向深处发展）的结果。

震中的迁移活动与主要构造带一致。震中迁移是指强震按一定空间规律相继发生的现象。许多研究成果表明，震中迁移主要是沿着构造带进行的。强地震带上震中的迁移活动往往与该地主要断裂带或主要构造带相一致。如有史以来发生在四川甘孜—康定一带的大于或等于5.0级地震30多次，在地震发生时间顺序上明显沿鲜水河断裂带自南而北、自北而南迁移。

由于地壳运动产生的应力突破了断裂带上的某处岩石强度，发生重新破裂和位移，引发了地震，该处的应力得到释放；接着，处于应力场中的原断裂进行应力调整，继而在另一处所形成新的应力集中点，通过积累达到再次引发地震的程度。该断裂作为能量积累释放的一个单元，制约着地震沿该断裂在不同部位有序地发生，形成地震的迁移现象。这种迁移现象说明了地震发生和断裂带的密切联系。

地表到地壳深处有许多大大小小的断层，它们是在漫长的地质史中逐步形成的。与地震活动有关的是有新活动的那些断层。这里所说的"新活动"，是用地质年代的尺度来衡量的，其长度绝非人类活动的尺度能比拟的。所谓有新活动的活断层，是指现今在持续活动的断层，或在人类历史时期或近期地质时期曾经活动过，极有可能在不远的将来重新活动的断层。

地震破坏建筑物的主要原因，一方面来自地震波在地面形成一个很大的地震运动加速度，建筑物抵御不了这种巨大运动而遭受破坏；另一方面是断层活动引起的地表错断，直接对地面建筑物造成严重破坏。

科学家研究地震灾害情况时发现，许多沿活断层带上的建筑物遭到了十分严重的破坏；而离开活断层的建筑，则相对安全得多。这启示我们：建筑要考虑避开可能发震的活断层。这种可减轻地震灾害的经验非常简单，却常常被人们忽视，因此人们不得不一次次面对血的教训。

开展城市活断层探测与地震危害性评估工作，确定活动断层的准确位置，评估预测活断层未来发生破坏性地震的可能性和危害性，对城市新建重要工程设施、生命线工程、易产生次生灾害工程的选址，科学合理地制定城市规划和确定工程抗震设防要求，减轻城市地震灾害具有重要意义。

根据有关的国家规范，在城市规划建设中，电厂等重大工程、生命线工程应经过地震安全性评价，须规避这些活断层。现在大型住宅小区的兴建，也开始考虑规避活断层的问题，并且这样的理念正在向一般的民居建设普及。如大型线性管道工程避不开活断层，可采用专门设计和特别措施。

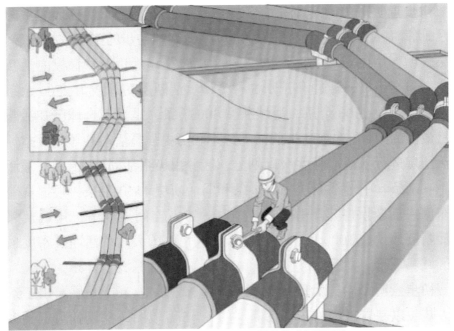

▲ 活断层带上的管道工程采用滑轨技术规避风险

⚛ 中国活断层调查研究的进展

中国大陆是地质历史时期由许多古老块体经多期碰撞造山作用过程最终拼合而成，不同块体之间的岩石圈性质差异明显且结构相对破碎。

在新生代期间，地处欧亚板块东部的中国大陆被夹持于以每年40~50毫米的速度朝北北东向快速运移的印度洋板块和以每年80~90毫米的速度向西快速俯冲的西太平洋板块之间。在周边板块的持续快速俯冲与碰撞作用下，中国大陆内部的许多古老块体与古造山带都发生了不同程度的复活，陆内构造变形强烈，新构造运动非常活跃，发育了众多活断层，形成了复杂的活断层体系，并导致强震频发。中国是全球陆内地震灾害最为严重的国家。

因此，自 20 世纪 50 年代后期以来，中国就一直特别重视新构造与活动构造的调查研究。近年来，中国在活断层的调查研究领域取得了许多重要进展。

初步查明了中国及毗邻海区的活断层分布。完成新一代的中国大陆及毗邻海区活断层分布图（1∶500 万）编制和初步的空间数据库建设。结果表明，中国及毗邻海区的活断层非常发育，并以发育板内活断层为主，包括走滑、逆冲和正断 3 种类型。活断层的总数为 2700 余条，其中陆域断裂 2400 余条，海域断裂 300 余条，是目前全球已知活断层数量最多的国家。根据断裂的活动速率和历史强震活动性等主要指标，对活断层进行了活动强度级别划分，区分出极强活断层 15 条、强活断层 160 余条、中等活断层 600 余条和弱活断层 1550 余条。根据青藏高原东南缘活断层厘定工作发现，在 1∶25 万空间尺度下，川滇及邻区的活断层数量近 1000 条，表明这一地区是中国大陆中活断层密度最高的区域。

初步查明了中国大陆活动构造的基本格局。重点开展了 141 条中国大陆（以基岩山区为主）活断层的 1∶5 万填图，探测的重点是多发生历史强震的发震或控震断裂。综合利用高精度浅层地震反射和钻孔联合剖面技术方法，重点开展了 97 个大中城市的活断层探测工作，填绘了城市区 1∶5 万活断层分布图，并制定了城市活断层探测技术规范。针对这些城市区，重点探测活断层共 130 多条，并对其地震危险性进行了评价。

基本了解了中国大陆活动构造体系格局。基于新的活断层编图结果，总结出新的中国大陆活动构造体系格局。结果表明，印度洋板块与欧亚板块之间的强烈碰撞和西太平洋—菲律宾海板块向西俯冲，这两种板块边界动力共同作用导致了中国活动构造体系格局明显的东、西差异。以纵穿中国大陆东部的郯庐断裂带及其南北延伸线为界，整个东亚大陆可划分为东、西两大不同活动构造域：郯庐断裂带以东的中国东部活动构造域中的主干活动构造带主要呈北东—北北东向展布，显示出与西太平洋边缘俯冲带存在明显的亲缘关系以及密切的动力学联系，可归为"太平洋板块西向俯冲弧盆带活动构造体系域"；而中西部活动构造域属"印度洋板块北向楔入挤压碰撞活动构造体系域"。后者包括了"青新藏近南北向挤压缩短活动构造体系区"和"青新藏外围弧形活动构造体系区"两个次一级的活动构造体系区。

青新藏外围弧形活动构造体系区，主要起到了调节印度洋—欧亚板块强烈碰撞导致的远场变形作用或青藏高原强烈变形过程的向外扩展，以及高原内部物质向东的挤出。

✴ 在建筑选址的阶段应考虑活动断裂的影响

地震是对城市破坏性最大，危害最严重的突发型地质灾害之一。大量震例表明，活动断裂不仅是产生地震的根源，而且地震发生时沿断裂带的破坏也最为严重，人员伤亡及财产损失明显大于断裂两侧其他区域。因此，在建筑选址的阶段，应合理考虑活动断裂的影响。通过科学选址，合理布局等措施积极应对，是从源头上将灾害发生时可能造成的损失降低到最小的根本途径之一。

活动断裂与地震具有一定程度的成因联系。7 级以上地震往往将造成地表数米的错动，直接影响跨越在断裂上的建（构）筑物，而目前的工程抗震设防措施还难以阻止其对地面建（构）筑物的直接破坏。如 1995 年日本阪神 7.2 级地震、1999 年土耳其伊兹米特 7.8 级地震及 1999 年中国台湾集集 7.6 级地震的重灾带，都集中在地震断裂沿线。此外，在活动断裂两侧即近场地区地震动最为强烈，从而对较大范围内建（构）筑物造成影响。由断裂活动引发的地震还可能导致一系列次生地质灾害的发生，主要包括在山区易引发崩塌、滑坡、泥石流，在砂土分布区易导致砂土地震液化等。

▲ 1999 年 9 月 21 日中国台湾集集 7.6 级地震地壳缩短致使房屋底部靠近、歪斜倒塌破坏

2001 年昆仑山口西 8.1 级地震，切割地表 400 多千米，沿山脊、水系位错，鼓包、裂缝纵横，造成输油管线破裂、通信光缆中断，正在施工的青藏铁路也遭受严重破坏。有关学者的考察研究发现，此次地震的发生与东昆仑活动断裂带关系非常密切。

▲ 2001 年昆仑山口西 8.1 级地震纪念年碑

建筑选址的首要原则是趋利避害，确保安全，尽量避免在存在地质灾害威胁的地方进行建设施工。活动断裂一旦引发地震，其附近一定范围内往往震害最为严重。因此，新建房屋应尽量避免布置在活动断裂带上。如北川在汶川地震中受灾非常严重，灾后重建工作的第一步是确定原地重建还是异地重建。北川异地重建的核心就是安全问题，在新县城选址过程中，专家提出了五个条件，其中之一便是场地地质

条件良好，远离地震断裂带，并最终确定了在远离地震断裂带6千米的安昌镇东南2千米处重建县城。

在地震活动断裂两侧一定范围内和断裂交叉地段，避免建设抗震设防分类中的甲类建筑；在活动断裂两侧一定范围内不宜规划高层、超高层建筑；宜适当降低建筑密度，增大建筑间距，降低容积率。

目前，"别把房子盖在断层上"已成为一个科学常识。已探明的城市地下活动断层的区域，可建成市区绿化带、草地公园、河流景观等，既保证了安全，又美化了环境。

在实际应用中，把比例适当的主要构造断裂分布图，经坐标转换，叠加在地形图上，并在断裂两侧扩展一定范围，就可以获得抗震设防分类甲类建筑禁建区范围。

☒ 建筑物在地震中受损情况与多种因素有关

强烈地震突如其来，顷刻间，房屋大面积倒塌，造成惨重伤亡。人们常说，地震来袭时地动山摇，房屋随之倒塌。那么，地震到底是以什么方式来破坏建筑的？

用"地动山摇""山崩地裂"来描述地震到来时的情形一点也不过分。由于建筑物依附在地球表面，建筑物受地震破坏的方式主要受地震波的传播方式影响。简单地说，建筑物破坏有三种方式：上下颠簸、水平摇摆、左右扭转。多数时候，是三种方式的复合作用。

▲ 地震波的左右扭转造成的破坏

地震波传播方式有纵波、横波、面波，由于地球表层岩性的复杂性，传播过程中也会出现像激流中"漩涡"的复杂情况。

最先到达震中的纵波是推进波（又称P波），使地面发生上下振动，破坏性较弱。第二个到达震中的横波是剪切波（又称S波），使地面发生前后、左右抖动，破坏性较强。

由纵波与横波在地表相遇后激发产生的混合波是面波（又称L波）。这种波波长大、振幅强，只能沿地表面传播，面波使建筑物水平摇摆，相当于对建筑物沿水平方向施加了一个反复的作用力，若底部柱、墙的强度或变形能力不够，就会使整栋建筑物向同一方向歪斜或倾倒，是造成建筑物强烈破坏的主要因素。

还有一种破坏现象是扭转。引起扭转的原因是有的地震波本身就是打着"旋儿"过来的，也有的情况是因为面波到达建筑物两端早晚的时间差引起的。这种情况引起建筑物扭动。建筑物一般抗扭能力较差，很容易扭坏。震区有的房子角部坍塌，多属这种情况。

一旦碰到上下颠、左右摇、扭转，三种方式共同发生，破坏力就更加可怕。在离震中较近的范围，往往三种方式交织作用，所以破坏力很大。

另外，每个建筑物都有自己特定的自振频率，如果这个频率与地震作用的频率接近，还会引起类似共振的效应，那样带来的破坏力就更可怕了。

此外，还有一种破坏形式叫"液化"。如果建筑物基底是含水的粉细沙，房子建在上面，当大地摇动时，沙粒层产生"液化"现象，房子就会往下沉，引起倾斜甚至倒塌。唐山地震时，很多房子就是这样损毁的。

建筑物的受损情况除了与震级作用大小有关外，还跟场地条件、设计、施工等多种因素有关。

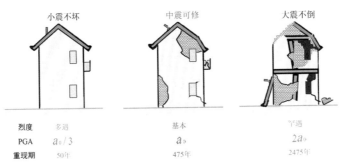

▲《建筑抗震设计规范》的设防目标

我国 1989 年以后制订的《建筑抗震设计规范》的设防目标要求建筑物做到"小震不坏，中震可修，大震不倒"。汶川和都江堰按原抗震设计规范的设防烈度都是Ⅶ度。2008 年汶川地震对这两个地方的影响都超过了Ⅶ度。有资料说都江堰达到了Ⅸ度，映秀达到Ⅺ度，超过"大震"设防烈度很多。震中附近的映秀、北川的烈度高达Ⅺ度，建筑物倒塌很难避免。

⊗ 建筑工程必须按抗震设防要求建设

唐山地震前，当地是按照基本烈度Ⅵ度以下设防的。唐山地震时，城区地震烈度达到Ⅸ—Ⅺ，超过了其设防等级，建筑物破坏程度严重，伤亡也很惨重。

2008 年的汶川地震时，极震区的房屋抗震设防烈度偏低，再叠加上滑坡、泥石流等次生灾害影响，造成极其严重的灾难。

2010 年的玉树地震中，玉树州、县驻地——结古镇，建筑物倒塌50% 以上，部分地区建筑物倒塌达 90%。

抗震设防能力不足是造成房屋大量倒塌的重要原因，也是我国与美国、日本等发达国家在防震减灾能力上的主要差距。防御地震灾害，必须高度重视抗震设防。尤其是在城市的规划设计中，一定要充分考虑抗震设防的问题。

建设工程的抗震设防，通常通过三个环节来实现：一是确定抗震设防要求，即确定建筑物必须达到的抗御地震灾害的能力；二是制定抗震设计标准（包括地震作用、抗震措施），即采取基础、结构等抗震措施，达到抗震设防要求；三是抗震施工和监理，即严格按照抗震设计施工，保证建筑质量。上述三个环节相辅相成、密不可分。《中国地震动参数区划图》（GB 18306—2015）与各行业抗震设计标准，共同构成了建设工程抗震设防标准体系。

✕ 如何对既有建筑物安全隐患进行排查

确保社区内所有建（构）筑物的抗震性能，是一项非常重要工作内容。要想真正把这项工作做到实处，除了把好新建工程的抗震设防关口外，还要注重对社区既有建筑物的安全隐患排查，也就是人们常说的震前排查。

震前排查是指震前房屋安全情况的检查，发现安全隐患立即采取安全措施，目的是使房屋的安全性得到保障，同时也是对居民居住安全的保证。为了防止房屋使用阶段过于脆弱，防止未来的地震来临时快速倒塌破坏，社区应积极牵头，在有关部门的配合下，对房屋进行震前的安全排查。

一般房屋震害排查受损分为安全房屋、危险房屋、需要进行鉴定的房屋三种级别：

安全房屋的排查判定——实际现状与相关资料规范相符，施工质量符合设计要求，结构、构造均达到抗震标准，使用维护状况良好的房屋住宅，属于安全无隐患住宅。对于无质量问题，能确定安全的房屋，不需要进行鉴定即可继续使用。

危险房屋的排查判定——对于房屋严重损坏或存在严重的安全隐患的房屋，不能继续使用，需要及时拆除，必要时需重新建设。

需要进行鉴定的房屋排查判定——对于不能确定房屋安全程度的住宅，需要对房屋进行专门安全鉴定。根据鉴定结果再做出处理建议，是否需要抗震加固或拆除处理。现场房屋抗震安全排查存在以下情形之一时，可直接判定该房屋须进行抗震鉴定：一是房屋结构体系存在严重缺陷；二是房屋主体结构曾遭受灾害且结构受损；三是施工质量存在缺陷；四是使用过程中有较大的擅自拆改建等情况，且分析表明对抗震不利；五是其他对抗震不利的情况。

▲ 鉴定危房

开展建筑物抗震性能普查，对社区各类抗震设防能力调查摸底，掌握建筑物地质勘察、建筑及民房类型、抗震设防和加固、人员分布情况等，编制社区建筑物抗震等级示意图，对做好社区防震减灾工作具有非常重要的意义。

✻ 减隔震新技术正在成为降低震害损失的法宝

地震动引起地面上房屋以及各种工程结构的往复运动，产生惯性力。当惯性力超过了结构自身抗力，结构将出现破坏。这就是大地震造成房屋破坏、桥梁塌落以及其他众多工程设施损毁的根本原因。

按照传统的做法，主要是通过加粗柱子、多加钢筋的方法，提高建筑结构的强度来"抗震"。在高烈度地区，不仅增加了建造费用和施工难度，而且也难以满足结构的抗震需求。

自20世纪70年代以来，减隔震技术在世界范围内被广泛采用。"减震"是将建筑物某些非承重部分设计成效能杆件，或通过装设效能装置来进行；"隔震"是通过在地基与柱子之间加钢板橡胶垫的方法来进行。减震隔震技术是采用"以柔克刚"的办法，在很多情况下，是对付地震更加合理、更加有效的技术手段，也是目前世界地震工程界

▲ 安装中的隔震座

推广应用较多的成熟的高新技术之一。

2011年3月11日，日本东北部海域发生9.0级地震，在仙台、福岛震中区域有几百栋隔震建筑，震后无损，其中包括超过100米的高层隔震建筑。

减隔震等技术在我国也正在得到推广应用，云南、北京、四川、甘肃、青海等地已建成减隔震建筑3000多栋。使用隔震技术的建筑，经过强烈地震的考验，隔震效果良好，抗震性能显著。如2013年4月20日四川雅安发生7.0级地震，芦山县人民医院门诊楼采用了先进的减隔震技术，地震时大楼的窗户玻璃和楼顶招牌仍完好无损；而医院未采用隔震措施的楼体，在地震中破坏严重。

2008年开始建造的云南昆明新机场航站楼就采用了混合减隔震技术。

▲ 昆明新机场模型

2019年启用的北京大兴国际机场航站楼也采用了先进的组合隔震技术，大幅度提高了航站楼结构的抗震性能，有效降低了底部高铁轨道震动对上部结构的影响，解决了超大超长混凝土结构裂缝控制的技术难题，成为全球最大的单体隔震建筑。减隔震技术成果的应用再次彰显了巨大的威力。

五 人们如何应对地震灾害

⊗ 应对地震灾害的对策和经验

人类为了减轻地震灾害，制定了一系列对付地震的战略战术，这就是地震对策，包括震前的预防、震时和震后的救灾、恢复重建工作及相关政策。简而言之，就是对付地震的办法和措施，也就是地震来了怎么办。虽然地震灾害不能避免，但只要制定科学合理的对策并予以实施，完全可以做到有效地减轻地震灾害带来的损失。

国外的防震减灾工作开展得较早，地震工程对策和社会对策较多。因此，国外的地震灾害损失得以较大程度地减轻，尤其是日本和美国这两个多震的发达国家。而我国起步较晚，主要借鉴国外的先进的地震工程对策和社会经验，逐渐积累起我国特有的防震减灾对策与经验，使得现有的防震减灾能力大大提高。

我国和世界各国应对地震灾害和震后恢复重建的工程与社会对策和经验，主要包括如下几个方面：

提高地震预测或预警的准确性。 世界各国对"地震预测"的研究都处在探索阶段，无法做到地震的准确预测，但是依然要加强地震预测的研究，采取多种手段不断提高预测的准确性。

尽管地震准确预测还无法实现，我们只能把目标转向地震发生后短短几秒到几十秒的时间内，希望能够在这段时间内发出警告，力求把生命和财产损失减至最低，即地震预警。我国当前建设的地震预警系统，就是在大地震发生之后、强破坏性地面运动到来之前的几秒到几十秒时间内发布预警信息，以降低地震破坏造成的人员伤亡和财产损失。

民众的防震减灾意识是减轻震害的首要条件。 无数次地震灾害表明，防震减灾意识的强弱对震害程度具有决定性影响。民众防震减灾意识强，灾害损失就可能较小；反之则地震灾害必然加重。如美国洛杉矶市在 1994 年圣费尔南多 6.6 级地震发生时，由于全面改善了建筑物的抗震设计，对老旧建筑进行了加固改造，并不断提高公众对地震的忧患意识，因此，建筑物震害较轻。而在此前的 1989 年旧金山 6.9 级地震中，由于防震意识懈怠、建筑物的抗震设防烈度过低、建筑施工质量低劣和缺乏抗震宣传和教育，致使大震面前人们惊慌失措。由此可见，民众的防震减灾意识非常重要。在我国，由于防震减灾宣传活动普及程度有限，而且受到经济发展水平的影响，民众的防震减灾意识还有待加强。

建立相关法律体系是顺利开展防震减灾工作的重要保证。世界各国对建立防灾减灾方面的相关法

▲ 抗震建筑的几个要素

律体系都十分重视，特别是美国和日本都建立了比较完善的法律体系。如美国分别颁布实施了《灾害救济法》《地震灾害减轻法》和《美国联邦政府应急反应计划》，连同《联邦政府对灾害性地震的反应计划》《国家减轻地震灾害法》和《联邦和联邦资助或管理的新建筑物的地震安全》实施令，共同形成了较为完善的减轻地震灾害法律法规体系。日本的地震法律体系也比较完备，日本的地震法律体系包括基本法和一般法两种，涵盖了灾害预防、灾害应急对策以及震后恢复等领域，将防震减灾和灾后重建过程全部纳入法制轨道，并在实施过程中对各项法律不断进行修订和完善。

我国自 1998 年起实施《中华人民共和国防震减灾法》，并于 2008 年重新修订，为防御和减轻地震灾害，保护人民生命和财产安全，促进经济社会的可持续发展提供了法律依据。另外，还颁布了《地震监测设施和地震观测环境保护条例》《破坏性地震应急条例》《地震预报管理条例》《地震安全性评价管理条例》等一系列配套法律法规，为实现我国防震减灾事业的法治化管理奠定了坚实基础。

建立完善的防震减灾体系是降低灾害损失的重要一环。美国主要

抗震思路是"防"，并不断完善以"工程抗震—防震减灾科学研究—地震监测—提高社会防震减灾意识"四位一体的防震减灾体系。日本则建立起防震减灾和重建的责任体制，组织和协调不同部门的防震减灾工作，建立防震减灾计划体系，制定相应计划，在各层次落实防震减灾的重大措施。

目前，我国的城市地区的防震减灾体系已经较为完善，使得地震区城市的综合防震减灾能力得到较大水平的提高。但是，仅依靠城市自身的力量是难以胜任防震减灾重任的。以往的震害表明，广大农村的防震减灾工作非常不完善，因此，必须尽快建立城乡相结合的以村镇为基础、以城市为重点的地震防灾体系，并要符合当地实际情况，加强防震减灾工作。

提高自救互救能力，实施高效、有序的应急救援措施。减轻地震灾害是防震减灾工作的中心目标。突发性地震灾害，从开始到结束往往只有几秒到几十秒时间，能否在有限的时间内开展自救互救和应急救援活动，直接关系到地震灾害损失的大小。日本全国经过多次地震的教训，对地震时的自救互救和应急救援有了深刻的认识，各级政府通过各种方式宣传自救互救知识和方法，教育市民开展自救互救，并在震后第一时间开展应急救援工作。而美国多年来始终重视对公众进行地震知识教育，提高地震灾害中自我保护的能力，成立地震应急救援队，参与国内和国际的地震救援工作。在这些发达国家，城市社区建设成熟，服务完善，在地震应急救援工作中有着举足轻重的作用。

我国在总结历次地震应急救灾经验的基础上，参考发达国家地震应急救灾的经验和做法组建了地震应急救援队，这支队伍在破坏性强震救援中发挥了很大的作用。目前，很多省市都已经建立起了专业化、高素质的应急救援队伍。这是实现地震应急救灾高效有序的强有力保障。相对于发达国家，我国城市社区建设刚刚起步，因此在城市社区建设中必须加强社区地震应急自救能力建设，进而提高全社会的地震应急救助水平，进行有效的地震应急自救互救知识和技能的培训，也将有利于提高地震应急救援的有效性。

　　研究分析建筑物震害状况，有效提高其抗震能力。根据不同的震害状况，采取相应的抗震能力的技术措施，是提高震害防御能力最有效的手段之一。震后生命线工程的震害主要表现在：高架公路的破坏、桥梁的破坏、煤气管网破坏、供水管网破坏和地下结构物破坏。美国和日本等国家的情况表明：每次大地震后，交通生命线系统在抗震设防水准、地震作用、地震反应计算分析方法、延性设计和抗震设计方法等方面不断进行补充并相互借鉴。根据不同的生命线工程的受灾特点，采取必要措施改善结构的抗震能力，从而减轻地震灾害。

　　我国的很多经验和对策都是借鉴了发达国家的经验和对策，需要根据我国特有的现状，投入较大人力、物力、财力，促进我国防震减灾水平的不断发展，逐渐与国际接轨。

✕ 地震灾害分级和分级响应

　　地震灾害分级响应是以地震灾害分级为基础的。正确而全面地理解地震灾害分级响应的适用，是做好地震应急救援工作的首要内容。地震灾害分为特别重大、重大、较大、一般四级。

　　特别重大地震灾害是指造成 300 人以上死亡（含失踪），或者直接经济损失占地震发生地省（区、市）上年国内生产总值 1% 以上的地震灾害。当人口较密集地区发生 7.0 级以上地震，人口密集地区发生 6.0 级以上地震，初判为特别重大地震灾害。

▲ 震后救援

重大地震灾害是指造成 50 人以上、300 人以下死亡（含失踪）或者造成严重经济损失的地震灾害。当人口较密集地区发生 6.0 级以上、7.0 级以下地震，人口密集地区发生 5.0 级以上、6.0 级以下地震，初判为重大地震灾害。

较大地震灾害是指造成 10 人以上、50 人以下死亡（含失踪）或者造成较重经济损失的地震灾害。当人口较密集地区发生 5.0 级以上、6.0 级以下地震，人口密集地区发生 4.0 级以上、5.0 级以下地震，初判为较大地震灾害。

一般地震灾害是指造成 10 人以下死亡（含失踪）或者造成一定经济损失的地震灾害。当人口较密集地区发生 4.0 级以上、5.0 级以下地震，初判为一般地震灾害。

根据地震灾害分级情况，将地震灾害应急响应分为Ⅰ级、Ⅱ级、Ⅲ级和Ⅳ级。

应对特别重大地震灾害，启动Ⅰ级响应。由灾区所在省级抗震救灾指挥部领导灾区地震应急工作；国务院抗震救灾指挥机构负责统一领导、指挥和协调全国抗震救灾工作。

应对重大地震灾害，启动Ⅱ级响应。由灾区所在省级抗震救灾指挥部领导灾区地震应急工作；国务院抗震救灾指挥部根据情况，组织协调有关部门和单位开展国家地震应急工作。

应对较大地震灾害，启动Ⅲ级响应。在灾区所在省级抗震救灾指挥部的支持下，由灾区所在市级抗震救灾指挥部领导灾区地震应急工作。中国地震局等国家有关部门和单位根据灾区需求，协助做好抗震救灾工作。

应对一般地震灾害，启动Ⅳ级响应。在灾区所在省、市级抗震救灾指挥部的支持下，由灾区所在县级抗震救灾指挥部领导灾区地震应急工作。中国地震局等国家有关部门和单位根据灾区需求，协助做好抗震救灾工作。

地震发生在边疆地区、少数民族聚居地区和其他特殊地区，可根据需要适当提高响应级别。地震应急响应启动后，可视灾情及其发展情况对响应级别及时进行相应调整，避免响应不足或响应过度。

应急结束的条件是：地震灾害事件的紧急处置工作完成；地震引发的次生灾害的后果基本消除；经过震情趋势判断，近期无发生较大地震的可能；灾区基本恢复正常社会秩序。达到上述条件，由宣布灾区进入震后应急期的原机关宣布灾区震后应急期结束。

✖ 重视提高社区居民的自救和互救能力

地震灾害具有很强的瞬间突发性。但是，再大的地震，直接被砸死的只是一部分人，顷刻间坍塌下来的废墟里，总还有存活的生命。因为废墟中总有断墙残壁，或没有完全砸碎的结实家具与比较大的预制板及其他构件，这些物体组成一些支撑起来的相对安全空间，可以让幸存者存活下来。如有人在唐山地震现场考察估计，地震瞬间被压埋了 63 万多人，最后公布的死亡人数为 24.2 万多人。因此，可推测，被压埋的人中约有 60% 得救了。

多次抗震救灾事实表明，震后被压埋群众的抢救工作，绝大部分还是依靠群众的自救和互救完成的。如 1966 年 3 月 8 日邢台地震时，452 个村庄的 90% 以上房屋倒塌，有 20.8 万人被压埋在废墟中。震后，灾区群众广泛开展自救、互救工作，震后仅 3 个小时，就有 20 万人从废墟中被救出。无疑，广泛进行宣传、培训和抗震防灾演习，可使广大民众了解、掌握自救、互救的要求和技巧，这必将大大减少地震中的伤亡人数。

许多地震救援现场的经验说明，救出来的时间越早，被救幸存者存活的可能性越大。有专家根据几次地震救援记录，得到被救人的存活率随时间衰减的关系：地震发生的第一天被救出的幸存者 80% 以上可能活下来（如果在震后半小时内获救，存活率可超过 90%）；第二三天被救出来，还有 30% 以上的存活可能性；第四天存活率已不到 20%；第五天，只有不到 10% 的存活率了。越往后，存活率越低。一周以后被救出的，经抢救，也有奇迹般活下来的。但是，是极个别现象。

　　这些统计数据和事例说明，首先，强震发生后的紧急救援应该是越快越好，抢救生命的主要任务应该在前几天完成。其次，应尽最大的努力，精心抢救，后几天也可能有希望出现奇迹，再救活个别人。自然，紧急救援最好由社区内的人员来实施。

　　社区，是居住于一定地域的具有归属感、守望相助的人们组成的活动区域。我国城市社区，一般是指居民委员会辖区。作为社会管理与建设的基础，社区是防灾减灾机制的基本单元。

　　灾害发生时，往往导致道路中断等情况，社区常常等不及外来救援，而时间就是生命。社区要具备自救和自保的防灾功能，在灾后的第一时间，受灾者能够依靠自己的能力生存，并把居民转移到安全的地方去。这就要建立起相对独立运作的区域型防灾体系，包括设立社区紧急避难场所和医疗救护基地，有简单的应急物资储备，能够自己运作起来，充分利用救援黄金时间，最大限度避免人员伤亡。不同社区之间，也要建立安全协调机制，提高自救和互救的能力。

⚛ 不可忽视防震减灾科普宣传的重要作用

　　总体上，目前我国的防震减灾科普宣传教育等公共服务还是比较匮乏的。群众基本不具备全面的自救互救知识。

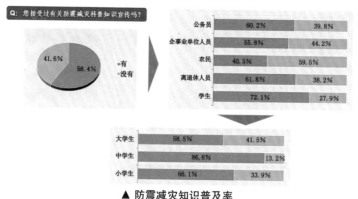

▲ 防震减灾知识普及率

　　经国务院批准，自2009年起，每年5月12日为全国"防灾减灾日"。通过设立"防灾减灾日"，定期举办全国性的防灾减灾宣传教育活动，有利于进一步唤起社会各界对防灾减灾工作的高度关注，增强全社会防灾减灾意识，普及推广全民防灾减灾知识和避灾自救技能，提高全民的综合减灾能力，最大限度地减轻自然灾害带来的损失。

在"互联网＋"时代，要想做好防震减灾宣传工作，必须坚持正确的原则，把握科学的宣传内容。根据我国目前的实际情况，防震减灾宣传应以科普知识宣传教育为主，工作宣传为辅，具体内容主要有以下几个方面：

地震基础知识的宣传。主要宣传地震的基本常识，地震产生的原因、地震震级与烈度，地震时人的感觉与灾害，如何区别近震、远震、强震、有感地震、地震的空间、时间分布特征等。使公众知道地震是一种自然现象，认识和抗御地震灾害，要靠科学，而不能靠迷信，地震科学是复杂的，但是是可知的。

地震前兆及地震预报知识的宣传。主要宣传地震孕育、发生过程中伴生的各种地球物理和地球化学等前兆现象；地震预报意见、地震预报发布过程、发布权限等知识。还要让人们爱护观测台站的仪器、设备和测量标志，配合与协助地震部门的工作。

地震工程知识的宣传。主要宣传地震对地基基础的破坏，建筑物结构的破坏以及各种抗震知识和工程建设场地地震安全性评价工作。如场地地基的选择、基础抗震处理、房屋结构抗震、建筑材料的选择、施工技术等，特别要注意对因地制宜、就地取材的抗震结构设计的宣传。

防震减灾对策知识的宣传。宣传近年来发生的大震及有影响的地震前后所采取的措施和经验，使社会各界都能掌握震前的预防和准备、震时应急防震和避震、震后的抢险和救灾等行之有效的措施。使人们知道，在强灾面前，我们不是束手无策，而是可以动员社会力量和群众的智慧，应用现代科学技术进行各种对策，使地震带来的损失得以避免或减轻。

按照我国防震减灾工作实践和现阶段防震减灾科普知识宣传特点，习惯上把防震减灾科普宣传分为平时、临震和震后三个宣传阶段。三个阶段的宣传内容、任务和方法各有侧重，相对独立，又互相紧密联系，构成整个防震减灾科普宣传的有机整体。不管是在哪个阶段，进行什么内容的宣传，都要充分依靠互联网的巨大资源和强大力量。

❋ 必须重视地震应急和逃生知识的学习和训练

很多震例都说明，加强地震科普宣传教育、进行科学有效的应急逃生演练、提高全社会的防震减灾意识和能力，对减轻地震灾害所造成的人员伤亡损失是非常重要的。在对青少年进行防震减灾宣传和组织防灾演练方面，多震的日本的很多做法是非常值得我们借鉴的。

日本政府规定，无论是防灾演练还是地震真正来临，教师都要根据实际情况，向学生发出"躲避"或"撤离"的指令；教师有责任等待全班的学生都安全躲避或撤离之后，再设法保护自身。这种做法会深深地影响学生。

▲ 地震发生时，学生在教室里躲避

从小学入学到高中毕业的 12 年间，日本的青少年每年都能通过逼真的演练"亲历"地震，并感受到被保护的安宁感。到成年时，他们便不会再对地震感到恐惧。

除了学校定期组织学生进行地震避险和逃生演练外，日本由各个城市的消防队管理的地震模拟车，也承担起了帮助青少年和成年人学习避震技能的责任，利用节假日，让人们体验地震，学习逃生避险知识。

我们要从一次次的灾难中吸取教训，认真学习先进国家的有益经验。加强教育和培训，经常应急演练，使广大青少年平时就注意学习防震减灾知识，了解减轻地震损害的可能方法和途径，提高自我保护意识和能力；学会正确地逃生、自救，掌握必要的急救知识和技能；培养处变不惊和随机应变的能力，努力将地震可能造成的损失减小到最低程度。

� 人人都应该掌握的防震避震常识

唐山等地震的事实告诉我们，当强烈地震发生时，在房倒屋塌前的瞬间，只要应对得体，就会增加生存的机遇和希望。据对唐山地震中 974 位幸存者的调查，有 258 人采取了应急避震行为，其中 188 人获得成功，安全脱险；成功者占采取避震行为者的 72.9%。

像唐山地震这么惨烈的灾难人们都有逃生的希望，对于那些破坏力相对较弱的地震，我们更有理由相信，只要掌握了一定的避震知识，临震不慌，沉着应对，就能够免受很多可能的伤害。

摇晃时立即关火，失火时立即灭火。大地震发生时，不能依赖消防车来灭火。因此，我们每个人关火、灭火的努力，是能否将地震灾害控制在最低程度的重要因素。如果地震发生时正在做饭，要及时关火。为了不使火灾酿成大祸，家里人自不用说，左邻右舍之间也应互相帮助，尽量做到早期灭火是极为重要的。

该跑才跑，不该跑就躲。目前多数专家普遍认为：震时就近躲避，震后迅速撤离到安全的地方，是应急避震较好的办法。这是因为，震时预警时间很短，人又往往无法自主行动，再加之门窗变形等，从室内跑出十分困难；如果是在楼里，跑出来更几乎是不可能的。但若在平房里，发现震动现象早，室外比较空旷，可以立即跑出避震。

在相对安全的地方避震。相对安全的地方指，室内结实、不易倾倒、能掩护身体的物体下或物体旁，开间小、有支撑的地方；室外远离建筑物，开阔、安全的地方。

采取最科学的姿势。趴下，使身体重心降到最低，脸朝下，不要压住口鼻，以利呼吸；蹲下或坐下，尽量蜷曲身体；抓住身边牢固的物体，以防摔倒或因身体移位，暴露在坚实物体外而受伤。

尽量保护身体重要的部位。保护头颈部：低头，用手护住头部和后颈；有可能时，用身边的物品，如枕头、被褥等顶在头上；保护眼睛：低头、闭眼，以防异物伤害；

▲ 在室内的避震措施

保护口、鼻：有可能时，可用湿毛巾捂住口、鼻，以防灰土、毒气。

努力避免其他伤害。不要随便点明火，因为空气中可能有易燃易爆气体充溢。应避开人流，不要乱挤乱拥。无论在什么场合，街上、公寓、学校、商店、娱乐场所等，都是这样。因为，拥挤中不但不能脱离险境，反而可能因跌倒、踩踏、碰撞而受伤。

千万不能采取跳楼的方式。面对地震要保持冷静，千万不能采取跳楼的方式躲避！因为跳楼很可能会摔死或摔伤。即使安全着地，也有可能被倒塌下来的东西砸死或砸伤。

地震时，造成整座大楼一塌到底的情况毕竟较少，完全倒塌一般

▲ 地震时千万不能跳楼躲避

是主震后的强余震所致。因为钢筋混凝土的建筑物，除了具有一定的刚性外，还有相当的韧性。这就是主震往往不可能一下子彻底摧毁混凝土建筑物的原因。

所以，地震时，如果在家里，暂时躲避在坚实的家具下面、旁边或墙角处，是较为安全的。室内避震不管躲在哪里，一定要注意避开墙体的薄弱部位，如门窗附近等。躲过主震后，应迅速撤至户外安全的地方。撤离时不要使用电梯，走楼梯相对安全。注意保护头部，最好用枕头、被子、书包、坐垫等柔软物体护住头部。

❀ 不幸被埋在地震废墟中怎么办

如果地震后不幸被埋在倒塌的房屋或废墟中，即使周围是一片漆黑，只有极小的空间，也一定不要惊慌。应沉着冷静，树立生存的信心，千方百计地保护自己，相信会有人来救你。在废墟下，即使身体没受伤，也有被烟尘呛闷窒息的危险。因此，要用毛巾、衣角或衣袖等捂住口鼻，以遮挡尘土，避免引起呼吸障碍。

假如身体被压埋，应想办法清除压在身上的各种物体，用砖块、木头等支撑住身旁可能塌落的重物，尽量将"安全空间"扩大些，以保持足够的空气流通，便于呼吸。

如果环境和体力许可，应尽量想办法逃离险境。分析、判断自己所处的位置，从哪儿有可能脱险，试着排除障碍，开辟通道。观察四周有没有通道或光亮，最好朝着有光线和空气的地方移动。这时候，一扇打开的门或者窗（即使只打开一个缝隙）就是一个逃生的机会。

如果床、窗户、椅子等旁边还有空间的话，可以从下面爬过去，或者仰面蹭过去。倒退时，要把上衣脱掉，把带有皮带扣的皮带解下来，以免中途被阻碍物挂住。

若开辟通道费时过长、费力过大或不安全时，应立即停止，以保存体力。

暂时无力脱险自救时，一定要注意保持冷静，不能不顾一切声嘶

115

力竭地胡乱喊叫、随便呼救。应尽量减少体力的消耗。因为你坚持的时间越长，得救的可能性越大。如果受伤，要想办法包扎。

▲ 被埋在废墟中，要保持冷静，保存体力

　　没有被救援的迹象时，要静卧，保持体力。听到外面有人时，可以适当呼救，但是要注意方法和效果。如果外面的人听不到你的大声呼叫，就要暂时停下来，用砖头、石块、木棍等硬物敲击自来水管、燃气管、暖气管道、墙壁等，向外界发出求救的信号。

▲ 要想方设法敲击管道等，向外发出求救信号

　　平时准备一个家庭地震应急包，放在方便随时取用的地方是很有必要的。包里的应急食物和水，可以满足幸存人员的最低需求，以最大限度地延长等待救援的时间；包里的高频哨子，在呼救的时候，比大声呼叫省力，而且可以取得更好的效果。

✖ 发生地震次生火灾怎么办

1995 年 1 月 17 日发生在日本的阪神大地震，造成 5466 人死亡，3.5 万人受伤，几十万人无家可归，受灾人口达 140 万人，直接经济损失达 1000 亿美元。在这次地震中，除因房屋倒塌引起大量伤亡外，占比最大的则是因地震诱发的次生火灾而造成的损失。由于煤气管道破裂，使煤气泄漏，引起熊熊大火。房屋设计中木结构材料的大量使用，更增加了火灾造成的损失。这次地震共引发火灾 531 起，烧毁建筑面积 100 万平方米，18 万栋房屋倒塌或严重损坏，在全部死亡人数中，约有 10% 是因火灾遇难的。阪神大地震火灾的惨痛教训再次警示我们，一旦发生破坏性地震，绝对不能忽视次生火灾。

▲ 1995 年日本阪神地震造成铁轨严重扭曲

那么，一旦不幸遇上地震引发的火险，自己已经无法扑救，怎么才能逃生呢？

不要轻易开门外逃。发现楼房起火后，要沉着冷静，不要轻易开门冲入楼道。

首先要摸一下房门的上沿，如果已经发烫，说明楼道里已充满浓烟，通道已被火封锁。这时就不要开门，以免浓烟冲入居室，造成窒息死亡。

如果外边已经弥漫了浓烟，外逃已不可能，就要关严门窗，防止烟火突入。

如果室内已有烟雾，要用湿毛巾堵住口鼻，并趴在地上，尽量爬到沿街窗口；不要直立，更不能迅速跑动。因为烟是轻的，一般飘浮在上面，接近地面处烟气稀薄，对人体的威胁较小。

可以到阳台避险。但切记，关好所有门窗，特别是阳台门，不使空气对流，降低火势。

▲ 火灾时的正确逃生方法

逃生时注意防烟。如果房门上沿不热，可打开房门观察一下火情，但要注意防烟。火起后，楼梯如果没有烧毁，在通过时，一定要闭气，或用湿毛巾捂住自己的口鼻，防止中毒昏倒。

不要去乘电梯。因火灾后易断电和被卡在电梯内，而应沿防火安全梯朝底楼跑，若中途防火梯已被堵死，便应向屋顶跑。

如不能自行安全脱险就等待救援。在阳台避险时，可利用绳索或攀援雨水管等方法，设法脱险。但千万不能跳楼避险。事实证明，跳楼会造成更大的人身伤亡，在楼层太高或条件都不具备时，应冷静地等待救援。

✳ 如何远离地震崩塌的伤害

地震崩塌是地震震动引起岩体或土体离母体，在重力作用下非常快速地下滑、堆积的过程。地震引起坡体晃动，破坏坡体平衡，从而诱发坡体崩塌，一般烈度大于7度以上的地震都会诱发大量崩塌。

2008年5月12日汶川地震地震形成的崩塌、滑坡主要分布于龙门山断裂带附近，大多发生在高陡边坡的边缘。随着距离震中距离的不同，崩塌、滑坡分布也不同，在映秀镇、北川县城等震中区崩塌、滑坡都非常严重，造成较重的损失。如地震引发北川县城的一处大滑坡、一处崩塌，至少掩埋2000余人。在距离震中较远的平通镇等地滑坡较崩塌严重。根据四川省地质图，映秀镇、北川县城、平武县平通镇及青川县马公乡一线与龙门山断裂方向一致。

2021年9月11日15时05分，广西德保县发生4.3级地震，地震引发一起岩石崩塌地质灾害，砸中该县那甲镇巴深村巴深屯1户居民房屋。地震发生时，村民正在厨房里做饭，意识到发生地震后，他立即拉上家人跑到户外，不到一分钟，危岩便击中了他原来下厨的位置，造成房屋和部分家电损毁。幸运的是，因平时进行过避险训练，居民撤离及时，未造成人员伤亡。

崩塌会使建筑物，有时甚至使整个居民点遭到毁坏，使公路和铁路被掩埋。由崩塌带来的损失，不单是建筑物毁坏的直接损失，还有因交通中断给运输带来重大损失。

研究发现，除了地震影响因素之外，岩崩发生的时间大致有以下的规律：特大暴雨、大暴雨、较长时间的连续降雨过程之中或稍微滞后，是出现崩塌最多的时间；开挖坡脚过程

之中或滞后一段时间；水库蓄水初期及河流洪峰期；强烈的机械振动及大爆破之后。

如果具备上述因素之一，再加上6.0级以上的强震，震中区（山区）通常有崩塌出现。

地震发生时或发生后，崩塌发生前一般会有这样的前兆：崩塌体后部出现裂缝；崩塌体前缘掉块、土体滚落、小崩小塌不断发生；坡面出现新的破裂变形、甚至小面积土石剥落；岩质崩塌体偶尔发生撕裂摩擦错碎声。

一旦发现可能的前兆，千万不能心存侥幸，一定不能抱有"也许崩塌不会发生"的想法；要及时远离以及通知周围的居民、游客远离；崩塌即将发生或正在发生时，首先撤离人员，千万不要立即进行排土、清理水沟等作业，待灾情稳定以后再作处理；大雨过后，虽然天气转晴，但在5至7天内仍有可能发生崩塌灾害，因此，人员撤出后，虽然崩塌没有发生，也不要天气一转晴就急着搬回去居住。

特别是在强降雨时或降雨后、强烈地震发生时，或在坡脚施工或附近爆破时，更要特别注意，必要时，要及时采取撤离措施。

✕ 如何判断和防范地震滑坡

2008年5月12日的汶川8.0级特大地震共产生了近6万个滑坡，大多数滑坡物质至今还停留在震区的山坡和谷地；发生于1999年9月21日的中国台湾7.6级集集地震，为过去50年来整个台湾地区震级最高的一次地震，产生了超过两万个山体滑坡；2015年4月25日发生在尼泊尔的7.8级廓尔喀地震，共造成超过2.5万个滑坡体，形成了至少69座堰塞坝……

滑坡是指斜坡上的土体或者岩体，受河流冲刷、地下水活动、地震及人工切坡等因素影响，在重力作用下，沿着一定的软弱面或者软弱带，整体地或者分散地顺坡向下滑动的自然现象。地震滑坡是指地震震动引起岩体或土体沿一个缓倾面剪切滑移一定距离的现象。

产生滑坡的基本条件是：斜坡体前有滑动空间，两侧有切割面。汶川及芦山地震灾区，地处西南丘陵山区，地形地貌特征是山体众多，山势陡峻，沟谷河流遍布于山体之中，与之相互切割，具有众多滑动斜坡体和切割面。地震的强烈作用使斜坡土石的内部结构发生破坏和变化，原有的结构面张裂、松弛，加上地下水也有较大变化，特别是地下水位的突然升高或降低，对斜坡稳定很不利。另外，地震还伴随着上千次余震，在地震力的反复振动冲击下，斜坡土石体就更容易发生变形，最后就会发展成滑坡。因此，震后引发了这些地区持续不断的山体滑坡。

由于自然界的地质条件和作用因素复杂，各种工程分类的目的和要求又不尽相同，因而可从体积、滑动速度、滑坡体厚度、规模、力学条件等不同角度对滑坡进行分类。不同类型、不同性质、不同特点的滑坡，在滑动之前，都会表现出不同的异常现象，显示出滑坡的预兆，如大滑动之前，在滑坡前缘坡脚处，有堵塞多年的泉水复活现象，或者出现泉水（水井）突然干枯、井（钻孔）水位突变等类似的异常现象；滑坡体四周岩体（上体）会出现小型坍塌和松弛现象。

在滑坡体中、前部出现横向及纵向放射状裂缝，它反映了滑坡体向前推挤并受到阻碍，已进入临滑状态；滑坡后缘的裂缝急剧扩展，并从裂缝中冒出热气（或冷风）。

在滑坡体前缘坡脚处，土体出现上隆（凸起）现象，这是滑坡向前推挤的明显迹象。

有岩石开裂或被剪切挤压的音响，这种迹象反映了深部变形与破裂。动物对此十分敏感，有异常反应，等等。

必须指出的是，以上标志只是一般而论，较为准确的判断，还需做出进一步的观察和研究。

✿ 防范地震泥石流的基本要领

泥石流是山区沟谷中，由暴雨、冰雪融水等水源激发的，含有大量的泥沙、石块的特殊洪流。其特征往往突然爆发，浑浊的流体沿着陡峻的山沟前推后拥，奔腾咆哮而下。在很短时间内将大量泥沙、石块冲出沟外，在宽阔的堆积区漫流堆积。地震泥石流是指地震震动诱发的水、泥、石块混合物顺坡急速向下流动的混杂体。

泥石流的形成必须同时具备三个条件：首先，必须要有水源存在，沟谷的中、上游区域有暴雨洪水或冰雪融水，可提供充足的水源。其次，要有丰富的、松散的固体物质。第三，要产生流动，流域内沟谷落差较大，蕴藏着丰富的重力势能。

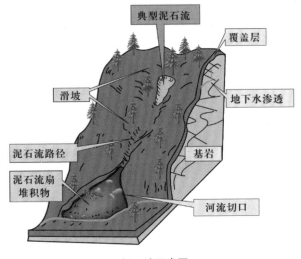

▲ 泥石流示意图

由于地震产生的大量崩塌、滑坡直接为泥石流活动提供丰富的松散固体物质，并且地震造成大量坡体失稳和岩体破坏，使这些泥石流沟可能会在震后较长一段时间内处于活跃期，泥石流爆发规模和频率将显著增加，危害灾区人民生命财产安全。因此，必须提高警惕，严加防范。

▲ 泥石流发生时的正确逃生方向

泥石流多发区居民，要注意自己的生活环境，熟悉逃生路线。要注意政府部门的预警和泥石流的发生前兆，在灾害发生前互相通知、及时准备。尤其是震后的雨季，不要在沟谷中长时间停留；一旦听到上游传来异常声响，应迅速向两岸上坡方向逃离。

✖ 如何判断和防范地震海啸

历史上曾经发生过多次危害严重的地震海啸，造成重大人员伤亡。如 1755 年，葡萄牙里斯本附近海域发生 9.0 级地震，40 分钟后海啸袭击了该城市，城市 85% 的建筑被摧毁，10 万多人死亡，其中海啸直接造成的死亡人数约为 3 万人。1908 年 12 月 28 日，意大利西西里岛墨西拿市近海发生 7.1 级地震，随后高达 12 米的海啸袭击了该城市。在地震和海啸的双重袭击下，这座城市 93% 的建筑物被破坏，12.3 万人死亡。

▲ 1908 年 12 月 28 日意大利地震遇难者纪念碑

2004 年 12 月 26 日，印度尼西亚苏门答腊岛发生 9.0 级强烈地震并引发海啸，海啸袭击了包括印尼在内的印度洋沿岸国家，如马尔代夫、泰国、马来西亚、斯里兰卡、印度及非洲东海岸等国家和地区。甚至远在 4500 千米外的非洲东岸，也遭到了海啸的侵袭……最终造成近 30 万人死亡。

最近的一次是 2011 年日本"3·11"大地震引发的海啸灾难，至今仍在影响人们的生活。地震引发的海啸灾害再次引发了人们的关注。

▲ 2011 年日本"3·11"大地震引发海啸

由于海底地震，以及海底火山喷发所形成的巨浪，叫作海啸。"地震海啸"的海啸波长达数百千米。它以民航飞机的速度沿海面运动，当它遇到近海岸时，会产生巨大破坏力。毁灭性的地震海啸全世界大约每年发生一次。

海底地震发生时，地壳的大规模升降运动造成水体位移，然后在重力作用下海水被拉回，从而产生海啸。

地震海啸占海啸事件总数的 82.4 %。80 % 的地震海啸发生在环太平洋俯冲带。全球地震的分布与全球海啸密集区域几乎一致。

为了摸清全球地震海啸分布与地震分布之间的关系，有学者统计了美国国家地震信息中心 1960 年以后近 40 年的地震数据。20 世纪 60 年代以后，随着计算机技术以及测量仪器的发展，更多的地震事件被记录下来，因此这些数据基本能显示全球各个地震密集地区。数据表明，不是所有的海底地震都能引发海啸，全球地震主要发生区域的范围更广，而且基本都位于板块的边界处。地震海啸主要出现在地震最密集的区域，这些区域同时也是地质运动最活跃的区域。

现有知识还不能清楚地解释地震海啸的产生方式，也没有直接的观测和测量手段来展现海啸的产生。研究表明，海啸的大小与几个因素有关：断裂带形状、海底位移量和震源处水深等。

通常 6.5 级以上的地震、震源深度小于 20 ～ 50 千米时，才能发生破坏性的地震海啸。产生灾难性的海啸，震级则要有 7.8 级以上。

海啸发生前，有一些非常明显的宏观前兆现象。在海边生活、工作或旅游的人们应该警惕这些现象：

海水异常地暴退或暴涨。海底发生地震时，海底地形急剧升降变动会引起海水强烈振动，从而形成海啸。若地震引起海底地壳大范围地急剧下陷，海水首先向突然下陷的空间涌去，就会出现突然的退潮现象；反之，会出现突然的涨潮现象。

离海岸不远的浅海区，海面突然变成白色，其前方出现一道长长的明亮的水墙。

位于浅海区的船只突然剧烈地上下颠簸。

突然从海上传来异常的巨大响声。

海啸前海水异常退去时，往往会把鱼虾等许多海生动物留在浅滩，场面蔚为壮观，此时千万不要去捡拾或看热闹，而应当迅速离开海岸，向内陆高处转移。

当我们知道海啸即将来临时，应立即切断电源、关闭燃气。即使没有感觉到明显的震动，也要立即离开海岸、江河入海口，快速到高地等安全处避难。

注意广播电视和网络信息，在没有解除海啸注意或警报之前，勿靠近海岸、江河入海口。

中国不存在活火山是一种错觉

火山灾害是人类主要的自然灾害之一。烈焰熊熊、烟尘滚滚的火山喷发,会无情地吞噬大片土地、森林、村庄等,火山喷发出的大量熔岩,会将山脚下的农田甚至城市全部毁灭,给人类带来巨大的灾难。因此,人类不得不重视和研究火山活动。

▲ 火山

世界上的火山带,同地震带一样,主要分布在两个地带:一个是环太平洋带,包括太平洋西岸的日本、菲律宾、印度尼西亚等地和太平洋东岸的南、北美洲西部山区;一个是喜马拉雅—地中海地区,特别是在地中海地区的南欧三个半岛——巴尔干半岛、亚平宁半岛和伊比利亚半岛。

中国的火山分布和火山活动也分为两大区域:一个区域是沿我国东部的大陆边缘,以上百个火山群和火山锥为特征,构成了环太平洋火山链的一部分;另一个区域是青藏高原及其周边地区的火山群。中国宝岛台湾地处太平洋板块与欧亚板块的边界,受地壳活动的影响,火山和地震活动十分频繁。

历史上有过喷发记录的火山大都分布在偏远地区。因此,很多人容易产生一种错误印象:中国不存在活火山,也不存在火山灾害危险。

实际上,中国新生代火山活动频频发生,一直没有停息过。从中新世到更新世的2000多万年的地质历史中,中国的火山喷发强度,尤其是东北地区，并不亚于日本。近代中国也曾发生过多次不同规模的火山活动，目前还存在着上百座可能再次喷发的活火山。

台湾岛和它附近的海域，是我国火山比较多的地区，共有20多座。其中，大屯火山群的主峰七星山是活火山。台湾东部海区还有4座海底活火山。

黑龙江德都县有14座火山，其中老黑山和火烧山是正在休眠的活火山。它们在1719年到1721年间相继喷发，喷出的大量熔岩堵塞了河道，形成了串珠般的五个湖泊，就是风景秀丽的"五大连池"。

1951年5月27日，新疆于田县南部克里亚河源头发生了一次火山活动，并诞生了一座新生的火山——卡尔达西火山。这也是近70年来中国大陆上最有规模的火山活动。

当前，我国最危险的火山推为长白山火山。根据记载，长白山天池火山分别在1413年、1597年、1668年、1702年和1903年发生喷发，共5次。有学者认为，它的休眠时间已过百年，接近可能的喷发周期，长白山火山具有极大的喷发危险性。

那么，应该怎样尽量减小和避免火山爆发的影响和伤害呢？

如果身处火山区，一旦察觉到火山喷发的先兆，应该立刻离开。否则，火山一旦喷发，人群慌乱，交通中断，到时离开就困难多了。

如果驾车逃离火山爆发区域，火山灰越积越厚，车轮陷住就无法行驶，这时就要放弃汽车，迅速向大路奔跑，离开灾区。

倘若熔岩流逼近，应立即爬上高地。

尽量穿上厚重的衣服，保护身体，更应注意保护头部，以免遭飞坠的石块击伤。最好戴上硬帽或头盔，即使把塞了报纸团的帽子戴在头上，也有保护作用。

可以利用随手拿到的任何东西，做一副简易的防毒面具。以湿手帕或湿围巾掩住口鼻，可以过滤尘埃和毒气。

如果火山在一次喷发后平静下来，仍须赶紧逃离灾区，因为火山可能再度喷发，威力会更大。

✸ 震后怎样保证饮食的卫生安全

强烈地震发生后，常常给灾区生活环境造成极大的破坏和影响，使灾区卫生条件恶化，出现腐烂的尸体、泄漏的有毒物质、垃圾、粪便、被污染的水源和食物等等。同时，受灾人群经历了地震逃生的惊吓和恐惧，身心疲惫，抵抗力大幅下降，导致传染病发生的潜在因素大大增加。历史上就有"大灾后可能有大疫"的说法。因此，震后灾区民众一定要搞好卫生防疫，不能忽视饮食的卫生安全问题。

首先要保证饮水安全。水是人类生存的必需条件，饮水不足会对身体造成不良影响。地震灾害发生后，有些人因为得不到必要的饮水，血液结块，阻塞肺血管，导致死亡发生。

水源安全是饮食安全的必要条件。地震灾害发生后，如果水源紧张，一定要尽可能地减少洗衣和洗澡用水，以确保饮水充足。

瓶装水、开水或经过消毒的水，都是可以放心饮用的。不要喝生水！游泳池、温泉的水只能用于洗澡、洗手等，不能饮用。

要选择合格的水源并加以保护。首选井水。水井应修井台、井栏、井盖；井周围30米内不能设有厕所以及其他可能污染地下水的设施。可用漂白粉等对生活饮用水进行消毒。

肠道疾病大多与饮食有关。要选择正确的食物和使用科学合理的方法，有效减少和降低发病的概率。震后，要尽量选择食用放心食品。新鲜的或工厂包装的未污染的食品、烧熟煮透的现场加工食品、加工后常温下放置不超过4小时的熟食品、消过毒的蔬菜和水果等，是可以放心食用的。

食品要生熟分开，现做现吃，做好后尽快食用。剩饭菜一定要在食用前单独重新加热；存放时间不明的食物，不要直接食用。

被污水浸泡过的食品，除了密封完好的罐头类食品外，都不能食用；死亡的畜禽、水产品，已腐烂的蔬菜、水果，发霉的大米、小麦、玉米、花生等，都不能食用。

夏季发生地震后，易出现蚊蝇，而蚊蝇是乙型脑炎、痢疾等传染病的传播者。在灾区，要大面积喷洒灭蚊蝇药物，不给蚊蝇留下孳生的场所。晚上睡觉时，要防止蚊子叮咬。如果出现发高热、头痛、呕吐、脖子发硬等情况，要及时找医生诊治。

饭前便后要注意洗手。避免与他人共用毛巾、餐具和洗脸水等。用过的餐具，尽量用沸水消毒。

✸ 重视防止和应对地震谣传

在网络刚开始走向普通家庭的 2001 年，云南就出现了关于地震的谣言；随后，"新版本"的地震谣言更是层出不穷。如 2012 年初昆明各 QQ 群曾疯传这样的消息："宜良、呈贡、官渡三地交界将有 6 ~ 7 级地震。"闹得人心惶惶。

当然，在网络上传播关于地震的谣言，几乎在世界各地，尤其是地震多发的国家和地区，都曾经出现过，将来仍难免会出现。如东日本 "3·11" 大地震发生后，网络上就迅速出现了关于地震及福岛核事故的多种谣言。

像美国这样的科技发达的国家，也难免要受网络地震谣言的困扰。如一名荷兰男子在网上发布一条消息：由于行星调整轨迹，美国西海岸将于 2011 年 3 月 27 日下午 4 点发生 8.8 级大地震，并呼吁加州的相关政府部门做好救灾准备。因为过去 10 天在北加州地区发生了多次 4.0 级以下地震，这个时候传出加州地震的预言，不能不引起人们的关注；况且，据说此前这名荷兰男子曾成功地提前 2 天在脸书上预言尼泊尔地震。福克斯电视台对 "地震预言" 进行了报道。这条消息很快在社交媒体上疯传，有些职员不上班，有些家长也决定不送孩子上学，很多百姓 "做好了逃生准备"，大家战战兢兢地等到下午 4 点，什么都没发生，折腾了半天，只是一场虚惊。

网络地震谣言频频出现是有诸多原因的。有人分析认为，地震预报的不确定性，为地震谣言的产生提供了温床；地震灾难的可怕性，为谣言的传播提供了动力；民众科普知识的欠缺，为谣言的传播提供了机会；相关部门应对和回应的不及时、不得体，为谣言的持续发酵提供了空间；互联网，为谣言的迅速传播提供了可能。网络地震谣言因为传播迅猛而危害极大。因此，防震减灾工作面临的最大挑战之一，就是如何应对地震谣言。因为一旦谣言盛传，可能会给社会造成极大的危害。

▲ 市民误信谣言彻夜等地震

2010 年初，地震谣传事件在山西多地市重演。主要原因是汶川地震后西部地区多次发生中强地震，而在 1 月下旬至 2 月上旬，在山西发生几次有感地震时，地震部门回复公众咨询时称："本地区不会发生破坏性地震"。而在此之后不久，恰逢当地再次发生有感地震，引发了公众对震情的高度关注。2 月 20 日，先是晋中市地震局陆续收到有关震情咨询电话，当晚 23 时许，外出避震人员逐渐增多；随后"将发生大地震"的信息迅速通过手机短信、电话、网络向周边区域蔓延。21 日凌晨 2 时 30 分，太原市部分县区群众外出避震，21 日凌晨 3 时左右，吕梁、阳泉、长治等市也相继有群众外出避震……不到 48 小时，山西 6 市、几十个县区群众涌上街头避震，最终演化为一起严重的社会公众恐震事件。

地震谣传事件发生后，谣言的"内核"形成的可能性会增大。地震灾害之后的人们在心理上易产生特殊的心理需求，通常会迫切期望获得能够对未来做出解释的信息。如果在这种情况下，权威信息模糊或缺乏，就可能为谣言的"内核"提供滋生的土壤。当谣言"内核"

产生后，会经过补充、修改、扩散等过程，最终形成具有巨大影响力的谣言。因此，政府相关部门必须要尽快采取积极措施，通过多种渠道辟谣。

从不同时期地震谣传相关危机事件的根源可以看出，地震相关危机事件的发生，一方面与当时国内外地震灾害形势有关，另一方面也与当地和周边地震活动以及地震相关工作等密不可分。俗话说："防止杂草的最好的方法是种庄稼。"让防震减灾科学知识、有关地震的客观信息和正确的舆论强势占领互联网的各种空间，谣言自然就少了滋生的土壤。因此，为了预防并有效应对地震谣传，快速传播正面信息并正确引导舆论是关键。及时、有效、快速地发布并传播正面、真实的信息，满足公众对相关信息的需求，准确把握舆论导向，才能掌握主动，化解危机。

此外，要充分运用新媒体，用好地震科普知识宣传这个好帮手。纵观诸多地震谣传事件，均与社会公众对地震相关知识及法律、法规的普及率、知晓率低有直接关系。当地震谣传事件发生后，通过包括网络在内的各类媒体高强度地广泛开展地震科普知识的宣传，让广大社会公众快速了解地震灾害相关的基本知识及其相关法律法规，科学认识地震灾害并积极参与到地震灾害防御工作中，这是防震减灾融合式发展的必由之路，也是防止和应对地震谣传事件的有效手段。

《中华人民共和国防震减灾法》规定："国家对地震预报意见实行统一发布制度。""全国范围内的地震长期和中期预报意见，由国务院发布。省、自治区、直辖市行政区域内的地震预报意见，由省、自治区、直辖市人民政府按照国务院规定的程序发布。""除发表本人或者本单位对长期、中期地震活动趋势的研究成果及进行相关学术交流外，任何单位和个人不得向社会散布地震预测意见。任何单位和个人不得向社会散布地震预报意见及其评审结果。""向社会散布地震预测意见、地震预报意见及其评审结果，或者在地震灾后过渡性安置、地震灾后恢复重建中扰乱社会秩序，构成违反治安管理行为的，由公安机关依法给予处罚。"

六 关注防震减灾新技术

⚛ 利用数字化信息资源管理地球

当人们通过卫星、飞机、气球、地面测绘、地球化学或地球物理等观测手段获得地球的大量数据，利用计算机把它们和与此相关的其他数据及其应用模型结合起来，在计算机网络系统里把真实的地球重现出来，形成一个巨系统时，你一定会为这样的系统所带来的巨大作用所鼓舞。因为它提供的数据和信息让人类终于能够更好、更有效地管理地球。这样一个数字形式的关于地球的巨系统，我们可以称之为"数字地球"。

数字地球核心思想有两点：一是用数字化手段统一性处理地球问题；二是最大限度地利用信息资源。

数字地球及其相关技术非常庞杂，其主要技术可以简单地用一个公式加以概括：数字地球＝全球网络＋数字化＋虚拟现实。

数字地球是一个多分辨率的、三维的虚拟地球，在数字地球中可以集成海量的地理空间数据及其相关的社会、经济、人文等数据，使人类得以充分利用现存空间信息成为可能。而数字世界是指我们生存环境的计算机化和数字化，即"比特世界"，是日常生活的数字化，是当今和未来信息化时代我们无法逃避的，对我们生活方式引起巨大变化的新的人类生存世界，或者说是人类生存的未来世界，一种如何把握人类在未来世界中存在方式的新思维。

数字地球战略的实施和实现，对于防灾减灾能力的提高具有多方面的重要作用。

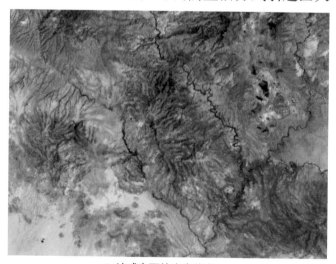

▲ 地球表面的丰富信息

数字地球可以给我们提供一个内容丰富的地球表面自然与社会经济状况的数据平台，以及对地球表面系统的物理、化学、生物和社会运动分析和模拟的技术体系。利用这个数据平台和技术体系，可以使我们有能力在计算机环境中尽可能真实地虚拟灾害的发生、发展过程，以及自然灾变现象和人类社会的相互作用规律，使我们能够更好地认知灾害系统的一些本质规律（如地震灾害的成灾机理等），从而为灾害的研究和预测预报提供依据。

包括地震灾害在内的自然灾害的灾情评估，是一个公认的难题。除了灾害系统本身的复杂性以外，缺乏准确的基础数据和有效的技术手段，也是重要原因。数字地球为我们提供了灾区大量的定位、定量的自然环境和社会经济基础背景数据。

当灾害发生时，抗灾抢险和紧急救援是最重要的任务。利用数字地球为我们提供的数据平台和技术系统，可以帮助灾害管理部门的决策者，迅速获知险情发生的地点和程度，制定科学合理的抢险措施和人员物资撤离方案，最大可能地避免人员伤亡和社会财富的损失。

在灾害事件结束以后，数字地球又可以帮助我们针对灾区的区域自然环境特点和社会经济发展状况，制定和实施科学合理的灾后重建方案，以及长远的减灾规划，实现区域可持续发展。

✳ 许多国家和地区投资发展地震预警系统

地震产生的剧烈震动会导致建筑工程结构破坏甚至倒塌，从而造成巨大的人员伤亡与直接经济损失；同时，地震还可能诱发火灾、爆炸、列车出轨、核泄漏等严重的次生灾害。

为达到减轻地震灾害的目的，除加强建筑工程结构抗震设计外，人们最先想到的就是地震预报。如果能预先知道地震的发生时间与地点，而先将人员撤离地震区、关闭次生灾害源，无疑会将地震灾害降到最低。但是，地震预报这个世界性的科学难题在短期内很难取得突破性进展，因此，许多国家和地区投资发展地震预警系统和地震紧急处置系统。

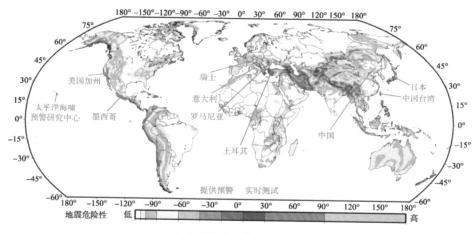

▲ 全球地震预警系统分布图

地震预警（Earthquake Early Warning）的构想，最早由美国科学家库珀（J. D. Cooper）博士于 1868 年提出。他设想在距旧金山 100 千米外地震活动性很强的霍利斯特地区，布设地震观测台站。一旦地震发生，就可以利用电磁波与地震波传播的时间差，在震后很短时间内及时敲响市议政厅的警钟，使人们能够采取一些紧急逃生避险措施，以减少地震造成的人员伤亡。由于当时技术水平的局限，这一构想并未实现。

现在，随着计算机技术、数据传输处理技术、地震监测仪器以及观测方法的不断发展和成熟，这一设想正逐渐变为现实。

地震预警是一种在现代地震观测技术和信息技术基础上发展起来的新技术。地震预警技术的主要原理有三种：

▲ 地震预警系统示意图

第一种是利用地震波传播速度比电磁波慢的规律，在地震发生后，发出地震报警，通知远处的人们采取避险措施，称为"异地预警"。

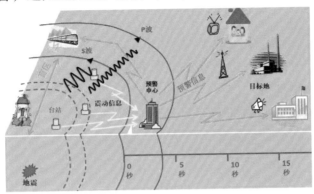

▲ 地震预警模式

第二种是利用地震波纵波（P波）和横波（S波）到达的时间差发出报警。由于P波速度一般约为5.5 ~ 7.0千米/秒，S波速度约为3.2 ~ 4.0千米/秒，在P波到达后发出报警，S波也很快到达，只能用于地震震中现场附近报警，称为"当地预警"。

第三种就是在地震波（一般指破坏力较大的S波和面波）达到一定阈值时发出警报,这种警报是"大地震警报",作为地震紧急处置使用,比如关闭水电气的阀门、列车紧急制动等。

▲ 地震预警的服务重点

地震预警技术和传统的地震速报处理技术有很大差别。传统的地震速报处理技术——快速测定地震参数，主要依靠 P 波和 S 波到时差来确定震中距离。如果是地震台网，还可利用每个地震台的 P 波到时差，来计算出震中位置，利用 S 波的幅值来计算震级。地震预警则不同，它需要在地震波到达部分台站后几秒钟就要判断：

——是否是地震；

——是否是大地震；

——地震的位置或者距离；

——地震的强度。

因此，地震预警的处理技术被称为"秒级处理技术"。

地震预警信息可为政府应急决策提供依据。社会公众可以根据地震预警信息及时采取措施避震逃生，大幅度减少人员伤亡。地震预警还可为供气和供电系统、核电站、水库大坝、大型变电站及输油输气管线、高速铁路等重大工程服务，可以根据预警信息启动相应的制动、关闭等处置系统，减轻直接地震灾害及次生灾害损失。

⊠ 地震预警存在盲区，但是仍然能发挥重要作用

地震预警并不是万能或完美的。地震预警技术从原理上就存在"预警盲区"。地震预警是在大地震发生后，向远处发出大地震警报。从大地震发生到警报的发出，是需要时间的，这个时间是地震波从震源到达部分地震台的时间，与地震台收到地震信号后判定地震参数需要的处理时间的总和。换句话说，地震发生了，并不能立刻报警，需要一定数量的地震台（网）收到地震信号，并且确定是大地震后，才能报警。在这段时间内，地震波照样传播。由于大地震主要是由 S 波、后续面波造成破坏，这段时间对应的 S 波传播的距离，我们称之为"盲区"。即地震警报到达该地区时，地震波已经到达或已经过去，也就是说，收到警报时，具有最大破坏力的 S 波、面波已经造成了破坏。

为什么会有这样的现象出现呢？这主要有两个原因：一是地震是

有深度的。一般来说，浅源地震多发生在 10 ~ 20 千米深，地震发生后地震波向各个方向传播，到达地面的地震台站需要时间。二是地震台站接收到地震信号后要进行处理，确认是大地震才发出警报，这也需要时间。

下图是一个地震台接收到地震波后最理想的盲区示意图。假设最理想就是地震台正好在一个大地震的上方，也就是在震中位置。如果地震发生在 12 千米深，地震纵波传到地面地震台约需 2 秒；地震台收到地震波后进行判定属于对地震信息的处理，即"秒级处理"技术，因为多 1 秒地震纵波就多走了 6 千米，S 波就走了将近 4 千米。目前最先进的处理技术也需要使用前 3 秒地震波。

假如在地震发生 5 秒后发出地震警报，这时地震纵波已经走了 30 千米左右，地震横波也已经走了 20 千米左右，这就是纵波和横波的预警盲区，或称 P 波和 S 波预警盲区。S 波是地震破坏的元凶，预警盲区实际是 S 波预警盲区。

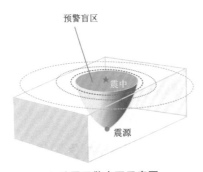

▲ 地震预警盲区示意图

可见，地震预警技术本身在原理上就有一个不可避免的盲区。对于预警盲区，由于预警时滞，地震警报基本无效。实际上，预警技术非常复杂，往往不是一个地震台就可以准确判断的，需要一个密度足够的地震台网。而在处理方法上，仅用地震波初始的几秒钟来判断是否是地震的技术还很不成熟。实际处理时间更长，预警盲区则更大。

在盲区内，预警能力为零；但对盲区以外不同烈度区域，可以提供时间不等的预警服务。

地震预警要发挥作用，就需要报警盲区越小越好。而若要盲区小，则需要地震后发出警报越快越好。若要警报发出得快，则需要对地震信息处理得快。然而，目前地震预警的处理技术现状是处理速度越快，误差就越大，特别是在评估地震强度（烈度和震级）方面往往会出现较大的误差。

因此，各国地震预警系统的地震报警，都是采用连续多报方式进行。如日本"3·11"9.0级大地震发了15次警报（地震预警的第1报震级仅为5.7级，与实际震级9.0级有较大差距），目的是既快速发出报警，又在后续的报警中不断修正地震的参数，使它越来越准确。

另外一个非常重要的问题是，凡是大地震，其断层破裂都是有一个过程的，而破裂带必然也是受灾程度最大的地区。地震断裂带的破裂速度远小于地震波传播的速度。因此，当地震最前列的S波到达时，并不一定是破坏最大时刻。同时，凡是大地震，由震动引起的破坏往往不是最厉害的，最厉害的是地震波引起的次生灾害。如汶川大地震引起了巨大山体滑坡；日本"3·11"地震引起的强烈海啸等，这些往往是造成损失的重要原因。地震断层破裂到地表和次生灾害发生的时间，往往滞后于地震的强大振动；由地震造成的振动和地基液化引起的房屋破坏和倒塌，也要滞后于地震波到达时间。

✴ 地震预警系统在中国的建设和推广应用

在过去的几十年里，日本、美国、墨西哥、土耳其、罗马尼亚、意大利等世界上多个地震频发的国家和地区，都已建立起多个针对特定设施、单个城市甚至更大区域的地震预警系统，并在实际运行中取得了显著的减灾实效。

我国自1966年邢台地震以后，就开始推进地震观测的基本建设，开展了地震、地磁、地电、重力等的观测。"九五"至"十二五"期间，我国不仅加大了观测网络建设的力度，还完成了由模拟信息向数字信息、由单点信息向网络信息、由延时信息报告向实时信息传输的跨越和转变。数字地震观测网络更有利于将保证全国各省、自治区、直辖市及市县的地震信息网络连通。这一切都为地震预警系统建设积累了大量硬件基础和技术储备，同时培养了大量专业人才。

在地震预警的关键技术研究方面，从 2000 年起我国就已经开始了地震预警相关技术的研究，不断追踪国际先进的相关技术和最新进展，探索适合我国的预警科技，取得了一些科研成果。

地震是一种发生概率较小，但对高速铁路行车安全危害极大的自然灾害。对高速铁路而言，如果能在破坏性地震动到来前提早哪怕是短短的几十秒，实施报警和紧急处置，将大大降低旅客生命财产损失的发生概率。因此，为了最大限度地减轻高速铁路的地震灾害，除了对铁路构造物进行高级别抗震设防、对运行列车采取脱轨防护措施外，建设高速铁路地震监测与预警系统，也是非常有效的手段。

目前，我国在京津高速铁路、京沪高速铁路、京石武高速铁路和哈大高速铁路沿线均已布设或拟布设地震监控子系统。以铁路沿线布设的强震仪作为地震监测台站，监测对铁路沿线有一定影响的地震，在地震动达到一定强度后使列车及时采取相应的紧急处置措施。

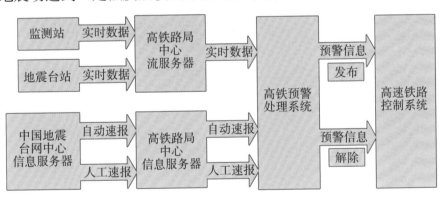

▲ 高速铁路预警系统效果图

中国研制的最新型动车组已配置车载地震紧急预警装置，这种装置可接收地面地震信号，对信号信息进行处理，对车辆的运行进行控制；并设碰撞安全防护装置，动车组以相对速度 36 千米 / 小时碰撞时，司机室逃生空间及乘客区域能够保持完整。

在突发地震灾害的时候，利用预警技术，高铁可以紧急制动、减速。只要列车的速度降到 160 千米／小时以下，安全性便大大提高，就不会出轨了。

⊗ 强震动观测在信息时代的应用越来越广泛

破坏性地震引发的地面剧烈震动和地表破坏，是造成地震灾害的直接原因。为了最大限度地减轻地震灾害，一种有效的、现实的途径，就是合理地描述和预测工程场地的地震动，并据此对工程结构进行抗震设计。而作为这一技术途径的基础，就是人们必须首先了解地震时的地面运动特征以及结构物的内在抗御地震能力。利用专用仪器来记录地震时不同震源机制、不同距离、不同场地条件下的地震动和各类结构的地震反应过程，这就是我们常说的"强震动观测"。

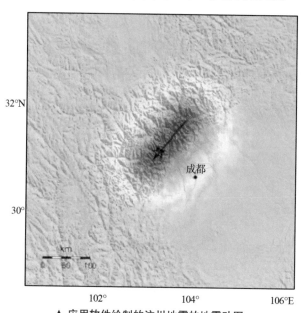

▲ 应用软件绘制的汶川地震的地震动图

强震动观测就是利用仪器来观测地震时地面运动的过程以及在其作用下工程结构的反应情况。强震动观测数据不仅是制订地震区划图和各类工程结构抗震设计规范、评估和预测地震灾害的主要依据，而且也是科学地开展震灾预防、地震应急、救灾与重建等减灾工作的不可或缺的基础资料。强震动观测的独特作用在于：可以提供定量的数据；测量地震破坏作用的全过程；能够分别研究并测量导致建筑物破坏后果的各种因素，在地震预警方面有独特作用。由于数字强震仪可以记录加速度为 2g 的强地震动，不会出现大震记录限幅现象，所以现代地震预警系统通常以强震动观测台网为基础。

为系统研究对地震动有重要影响的各因素的影响规律，只靠单个台站的单台仪器是不够的。为此，需要根据研究目的和具体条件，布设一群仪器，即台阵。

近年来，随着实时或近实时数据传输的数字强震仪的广泛应用和强震动观测台网规模与密度的显著增大，强震动观测不再局限于为近场地震学研究和地震工程学研究提供基础数据，而是拓宽到直接服务于减轻地震灾害实践。

✖ 互联网技术促进地震信息服务能力的提升

如何通过互联网技术降低地震灾害损失并进行有效预警，是中国地震台网中心一直致力的工作；开发建设了地震速报信息手机服务客户端，并根据不同的手机系统分别开发了 IOS 版、Android 版和 WM 版，以满足不同社会公众的需求；自 2013 年 4 月起，就实现了自动地震速报，通过手机 APP、微博、微信、网站等对外同步发布地震信息。同时，根据地震信息的不同侧重点，台网中心还开设了地震相关信息服务专栏，进行地震速报信息、地震科普知识、地震应急救援等信息的发布，扩大了信息传播范围和影响力，具备了时效性、专业性、权威性等特点，能够在最短时间内传播地震信息，服务公众。

2015 年初，其在今日头条开通了其官方头条号"中国地震台网速报"，借助今日头条的精准推送系统和覆盖超过 3.3 亿用户的优势，实现最新地震消息点对点的实时送达；还推出了一款"地震信息速报机器人"。当给出一个地震的参数信息之后，这个机器人可以自动查询地图的信息，自动告诉我们这个地震发生的震中位置附近有多少人口，有哪些村，有哪些城镇，离得比较近的城市距离有多远。这样，就可以帮我们判断受这个地震影响的人口有多少，以及震中附近的区域的经济水平怎么样，人口如何分布等的信息。同时也可以查询这个区域在历史上有没有大的地震发生。这些信息都会随着地震速报的信息同步推出。相比目前的自动速报内容，由地震速报机器人自动编写推送的内容更加丰富。

⊠ 新媒体技术改变地震灾害的救援和报道进程

面对 2013 年 4 月 20 日的四川芦山地震，中国互联网在第一时间做出反应，全程参与抗震救灾工作。20 日 8 点 15 分，搜狐新闻客户端值班人员率先发出四川雅安 7.0 级地震推送信息；8 点 18 分，手机搜狐、搜狐新闻客户端地震直播间同时上线，在直播中加入寻亲、报平安环节。手机搜狐直播最高同时在线人数超过 160 万，直播间留言超过 15 万条；搜狐新闻客户端截至 22 日 19：00 时在线人数 223 万；同时，手机搜狐启动大事件报道专区，新闻客户端展开报道；20 日 9 点 09 分，寻亲、报平安汇总页面上线，截至 22 日 19：00 共收集信息 1.2 万余条；21 日 20：00 前后，手机搜狐直播间率先实现音频播报功能，首次将来自灾区的声音通过直播间传递给广大网友。

在各界为救灾不遗余力的时候，IT 领域的技术人员也展开了积极的行动。一些 APP 应用开发者针对雅安灾情开发了各种特别版的 APP 应用。有的用互联网地图技术标示灾区情况，有的向灾区外的民众传递救灾知识，还有的打通了一个平台，让广大网民为灾区献爱心。

极少免费的高德导航 HD 版在 2013 年 4 月 20—29 日提供给用户限时免费。在地图数据与公众版相同的基础上，高德导航新增了四个功能，分别是雅安救助点图层、雅安行车公告、位置分享、救助通道。

其中的雅安救助点，在图层功能选择雅安救助点后，返回地图，即可看到最新公布的救治医院、救援车、定点加油站和救助站等救助点位置；长按某位置点，则可观察救助点详情。伤者可靠导航尽快找到救助点，救助人员可以依靠导航尽快对伤者进行治疗，增加伤者生还机会。

4月20日下午，高德地图上线"雅安寻人救助平台"。雅安用户可以在"佳通互助—心情图层"发布震区相关的信息。各地用户可以在百度、360、谷歌、新浪微博等平台收集寻人信息发到上面。

很多知名网站的手机客户端都推出了地震寻人平台。用户可以提交寻人信息（包含姓名、性别以及电话号码），也可以查看和转发信息。

▲ 手机客户端的地震寻人平台

在墨迹天气添加雅安，用户可以实时地看到雅安的天气、天气趋势、时景和各类指数。各地墨迹天气用户，可以通过时景，查看当地的街景和实际情况，还可以通过图片传送祝福给雅安人民，地震发生后，时景中显示的都是雅安人民互相传递正能量和全国人民对雅安祝福的照片。

雅安芦山地震发生后，没有人再怀疑新媒体正在凭借其先进技术，影响和改变重大灾害事件的救援和报道进程。

❈ 利用地震大数据更加关注"人"

大数据是以容量大、类型多、存取速度快、应用价值高为主要特征的数据集合，最早应用于 IT 行业，目前正快速向包括防震减灾在内的各个领域扩展。

大数据可用于了解灾情。网友可以实时上传这类信息，通过分析不同地区网友的震感，地震部门就能了解灾害情况和地震的分布。

互联网是获得现场资料的一个重要途径。通过互联网，地震系统在尼泊尔地震和新疆皮山县 6.5 级地震中，收到了网友提供的上千张现场照片，了解了地震的破坏结构、破坏程度，这对随后开展的救援工作非常有帮助，非常有价值。

▲ 新疆皮山县皮西那乡政府办公楼在地震中受损严重

地震大数据里最重要的一个核心是"人"。地震时的人口分布热力图是地震大数据应用的一个重要方面。地震发生之后，对人是有影响的。所以，地震部门特别关注人的位置。通过这个大数据可以了解人的位置：震中周边有多少人；密集程度如何；什么时候在这儿，什么时候又不在这儿等等，这些信息都是非常重要的。

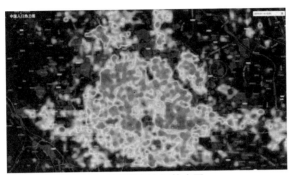

▲ 北京城区人口热力图

把热力图和地震工作结合起来具有非常重要的现实意义。如经过分析和初步的大数据挖掘，专家发现：在芦山地震震中周边20千米内，有15万人口；50千米内，有90万人口；如果扩大到100千米内，有1000万人口。通过这种实时数据的支撑，可以对地震的直接影响人口、间接影响人口进行直接的判断和评估，以方便后续的抗震救灾工作。

总之，基于互联网人口实时绘制的地震热力图，在大地震应急救援时能起到很大作用。亿万网民通过互联网，也能对地震应急和救援提供帮助。海量网民及时反馈的震感分布，弥补了地震动纯理论模型的不足，这正是互联网带给地震工作的便利之一。

⚛ 卫星遥感观测和"张衡一号"

我们知道，世界上绝大多数物体都具有吸收、反射、散射、辐射和透射光线的本领，只是各种物体对各种颜色的光吸收和反射的本领不一样，甚至同一种物体在不同的状态下所吸收、反射或辐射的光线也不同。这种特性叫作物体的光谱特征，遥感技术的基本原理就是基于物体的光谱特征。

因为各种物体的光谱特征互不相同，所以我们只要事先用仪器收集、记录下各种物体在不同情况下的各种光谱，先进行处理、分析，并存储起来，然后在遇到不明物体时，用遥感仪器探测这个物体辐射或反射的电磁波，进行分析和比较，就能得到关于这个物体的各种宝贵信息。但是仅有这个技术还不够，还必须能够飞到天上，才能真正实现它的价值。

　　火箭将人造卫星发射上天，再在人造卫星上装载科学仪器，它借助电子扫描或光学摄影，便可从遥远的太空来观察地球。这种不接触物体，从遥远的地方来观测与感知物体的技术叫作"遥感"。利用人造卫星装载的科学仪器，实现对地球的观测与监控的技术叫作"卫星遥感技术"。

　　2011年3月11日，日本当地时间14时46分，日本发生9.0级地震并引发海啸，造成重大人员伤亡和财产损失。通过卫星遥感图像可以清晰地看到地震以及海啸给灾区所带来的巨大破坏。从日本仙台市机场"3·11"大地震前后遥感图像可以看到，地震和海啸发生之前，这个区域秩序井然，地震和海啸之后却是一片狼藉，建筑支离破碎。遥感图像为我们带来灾区宏观变化的同时，也为我们及时了解灾区破坏情况，指挥和实施救援提供了珍贵资料。

▲ 日本"3·11"大地震前后仙台市机场遥感图像

　　2008年5月12日四川汶川发生8.0级地震，强烈的地震造成了6万多人死亡，几百万人无家可归，多座县城被毁，灾区的公路交通几乎全部瘫痪。据不完全统计，全世界共有16颗遥感卫星密切注视着汶川地震灾区，数十家单位纷纷投入科技力量。在这场抗震救灾中，遥感手段起到了十分关键的作用。

　　电磁监测卫星通过对地震时地壳运动产生的电磁进行监控，将为地震预警以及地震研究的数据收集提供更有力的帮助。近年来，中国兴建了许多地面地震电磁观测站，但因地表情况复杂，人为等因素产生的电磁较多，监测情况并不理想。电磁监测卫星处于外太空，能到达这个高度多数是地震引发的电磁效应，所以电磁监测卫星会更加准确。

2018 年 2 月 2 日 15 时 51 分，中国在酒泉卫星发射中心用长征二号丁运载火箭成功将电磁监测试验卫星"张衡一号"发射升空，进入预定轨道。以"张衡"为电磁监测试验卫星命名，主要是为纪念中国古代科技代表人物张衡在地震观测方面的杰出贡献，传承以张衡为代表的中国古代科学家群体崇尚科学、追求真理的精神内质。

"张衡一号"电磁监测试验卫星是中国地震立体观测体系天基观测平台的首颗卫星，它能够发挥空间对地观测的大动态、宽视角、全天候优势，通过获取全球电磁场、电离层等离子体、高能粒子观测数据，对中国及其周边区域开展电离层动态实时监测和地震前兆跟踪，弥补地面观测的不足，进一步推进中国立体地震观测体系建设，开辟探索地震监测预测新途径。

它通过获取的观测数据，对中国及其周边区域的电离层动态变化进行实时监测，探索性开展全球 7 级、国内 6 级以上地震电磁信息研究，总结电离层扰动特征，同时，可为国家安全、航空航天、导航通信等领域提供空间电磁环境监测服务。

⚛ 地理信息系统在地震应急工作中大显神威

地理信息系统（Geographic Information System，GIS）在我国又称为资源与环境信息系统。它是一种用于获取、存储、更新、操作、分析和显示空间相关信息的系统，具有很强的信息管理能力和空间数据处理、分析能力，借助于这个系统，可以解决上述应急反应中遇到的问题。

GIS 作为一门新兴的技术，在美国、日本等发达国家的防震减灾中被广泛应用，形成了一定的规模。虽然中国将 GIS 技术应用于防震减灾工作相对较晚，但发展较快。20 世纪 90 年代以后，一些地震研究机构和防震减灾管理部门先后开展了基于 GIS 平台的地震分析预报、地震早期趋势判定、地震应急、地震灾害预测、地震信息管理和查询等方面应用软件系统的开发研究，取得了一定的成果。

当今社会的发展，以信息技术和空间应用为特征。作为信息技术和空间应用的载体，GIS越来越引起人们的广泛关注，GIS的网络化、开放式GIS、三维甚至高维GIS已成为GIS在防震减灾研究中的发展方向。

三维GIS是一种大的发展趋势。地震科学研究面对的对象就是地球这个空间三维体。现在，在真实直观的三维空间进行地震科学各种空间查询和分析的要求越来越迫切。与二维GIS相比，三维GIS对客观世界的表达能给人以更真实的感受，它以立体造型技术给用户展现地理空间现象，不仅能够表达空间对象间的平面关系，而且能描述和表达它们之间的垂向关系；另外对空间对象进行三维空间分析和操作也是三维GIS特有的功能。

目前，GIS已经被广泛应用于地震工程与抗震防灾工作中，如GIS与地震危险性分析的结合、震害的快速评估等，取得了比较理想的效果。

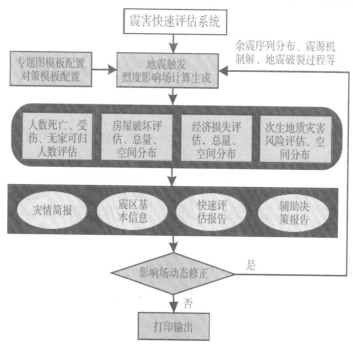

▲ 基于 GIS 的震害快速评估系统

利用 GIS 强大的空间分析功能和空间数据的处理能力，可以建立应急反应的动态分析模型，从而为应急反应提供科学的决策。

GIS 的应用，不仅能大大提高人们震后应急反应的能力，同时也可以在城市防灾规划中发挥重要作用。很多地方已经着手研究基于 GIS 的城市防灾规划信息管理系统。随着信息技术的不断发展，GIS 在综合防灾、减灾中必将发挥更大的作用。

✕ 物联网将使防震减灾工作变得越来越简单

阿尔卑斯山巍峨险峻，高海拔地带累积的永久冻土、岩层历经四季气候变化，以及强风的侵蚀，常会对登山者及当地居民的生产和生活造成极大影响。要获得对这些自然环境变化的数据，就需要长期对该地区实行监测，但该区的环境与位置，决定了根本无法以人工方式实现监测。在以前，这是一个无法解决的问题。

▲ 阿尔卑斯山

2006 年，一个名为 Perma Sense Project 的项目使这一情况得以改变。该计划希望通过物联网中无线感应技术的应用，实现对瑞士阿尔卑斯山地质和环境状况的长期监控。监控现场不再需要人为参与，而是通过无线传感器对整个阿尔卑斯山脉实现大范围深层次的监控，包括了温度变化对山坡结构的影响以及气候对土质渗水的变化。该计划将物联网中的无线感应网络技术应用于长期监测瑞士阿尔卑斯山的岩床地质情况，所搜集到的数据除可作为自然环境研究的参考外，经过分析后的信息也可以对山崩、落石等自然灾害发出预警。

"物联网"的概念是在"互联网"的基础上，将其用户端延伸和扩展到任何物品与物品之间，进行信息交换和通信的一种网络概念。也就是通过射频识别（RFID，俗称"电子标签"）、红外感应器、全球定位系统、激光扫描器等信息传感设备，按约定的协议，把任何物品与互联网相连接，进行信息交换和通信，以实现智能化识别、定位、跟踪、监控和管理的一种网络概念。有学者认为，随着时代的发展，物联网将达到极大的规模，远超目前的互联网。与物联网相连的各种传感器和设备将达到万亿数量级，物联网未来将无处不在。

近年来，随着我国科学技术的发展，物联网技术已经在不同行业得到广泛应用。当突发自然灾害时，物联网技术可以有效实现对人、物体的识别跟踪、定位监控、追溯记录，为搜救抢险赢得时间。比如，灾难发生后，一旦有人陷入火海、掉入水中或被埋于废墟，其身上的智能电子标签就会发出无线电信息（如身在何处，周边环境状况等），而布置在太空中的全球卫星导航系统、高精度卫星遥感就会接收到这些信息，并把这些信息传到附近的 110 指挥中心或其他相关部门。

灾区的海量信息由卫星收集，通过物联网发回地面控制中心并可实时刷新。通过物联网传递的海量信息都放在"云"上统一管理和调度，通过不断提高的"云"的处理能力，可以减少用户终端的处理负担，最终使用户终端简化成一个单纯的输入输出设备，并按需使用"云"的强大计算处理能力和检索能力。比如，统计多少人存活、多少人遇难、所处准确方位等等。

以往大的灾害发生后，都要派出很多飞机、船只、人员进行搜救，但是由于不能实时了解灾害发生的情况以及被困者的周边环境和存活情况，造成该用的设备不到位，带去的设备用不着，加大搜寻难度，甚至还会使搜救人员出现不必要的伤亡；而且搜救效率低下，极有可能错过最佳搜救时间。而一旦引入物联网，它与生俱来的实时特性，正好迎合了搜救的要求，可以把人民群众的生命财产损失降到最低，能够大大降低搜救难度，所有的问题都会迎刃而解。